Java
项目驱动开发教程

迟殿委 刘丽贞 黄甜甜 杨嘉耀 著

清华大学出版社
北京

内 容 简 介

本书是一本以项目驱动教学模式理念设计的Java入门书。全书内容以软件项目案例驱动，代码实例丰富，项目实训任务饱满，语言通俗易懂，不仅能够使读者全面掌握Java面向对象编程技术，还能够提升读者使用Java语言开发软件项目的能力。本书配套示例源代码、PPT课件、教学大纲、课程设计指导书、实训任务指导书、课后练习答案及Java核心编程参考文档等资源。

本书分为3个专题，共14章，3个专题分别以面向过程版的商超购物管理系统、面向对象版的超市购物系统、端对端聊天系统为贯穿项目，内容包括Java开发入门、Java的基本语法、Java程序流程控制、数组、Java类和对象、Java继承和多态、Java抽象类和接口、Java异常处理、Java图形界面编程、Java集合、Java多线程、Java网络编程、Java IO流、Java反射机制。

本书适合Java编程初学者系统地学习Java核心编程技术，同时也非常适合高等院校相关课程的师生作为教学参考书或教材使用。

本书封面贴有清华大学出版社防伪标签，无标签者不得销售。
版权所有，侵权必究。举报：010-62782989，beiqinquan@tup.tsinghua.edu.cn。

图书在版编目（CIP）数据

Java 项目驱动开发教程/迟殿委等著. —北京：清华大学出版社，2023.5
ISBN 978-7-302-63528-4

Ⅰ. ①J… Ⅱ. ①迟… Ⅲ. ①JAVA 语言—程序设计 Ⅳ. ①TP312.8

中国国家版本馆 CIP 数据核字（2023）第 087468 号

责任编辑：	夏毓彦
封面设计：	王 翔
责任校对：	闫秀华
责任印制：	沈 露

出版发行：清华大学出版社
网　　址：http://www.tup.com.cn，http://www.wqbook.com
地　　址：北京清华大学学研大厦A座　　邮　　编：100084
社 总 机：010-83470000　　邮　　购：010-62786544
投稿与读者服务：010-62776969，c-service@tup.tsinghua.edu.cn
质量反馈：010-62772015，zhiliang@tup.tsinghua.edu.cn

印 装 者：三河市君旺印务有限公司
经　　销：全国新华书店
开　　本：190mm×260mm　　印　张：16.75　　字　数：452千字
版　　次：2023年6月第1版　　印　次：2023年6月第1次印刷
定　　价：89.00元

产品编号：081830-01

前　　言

Java语言是当今流行的面向对象编程语言之一，Java以其健壮性、安全性、可移植性等优点成为程序员必备的技术。随着大数据分析和人工智能技术的发展，市场对掌握Java语言的人才的需求量依然很大，与Java相关的就业方向很广，但无论从事什么方向，Java核心编程技术都是首先必须掌握的。本书围绕3个专题，以典型案例贯穿项目展开各个专题的讲解，将项目拆分为实训任务植入各个章节，方便读者自学以及教师开展项目驱动式教学。本书技术点全面、案例丰富，对知识点讲解细致、通俗易懂，配套讲义、教材案例及贯穿项目的源代码等资源，能够让读者在学习过程中更加轻松。通过本书的学习，读者不仅能够全面掌握Java面向对象编程技术，还能够提升使用Java语言开发软件项目的能力。

本书特点

本书内容安排由浅入深，按编程入门、基础语法、面向对象、高级特性的顺序，逐步提高难度，符合一般读者的学习规律。每个章节开始都有关于本章的内容简介，概括描述本章的主要内容和学习目标，让读者带着目的去读书；章节最后都有本章总结，归纳本章的重要内容，帮助读者形成连贯的知识体系。

本书除了配套章节知识点相关的代码实例之外，重点引入与专题章节相关的阶段性贯穿项目案例，方便读者自学以及教师开展项目驱动式教学。

本书的案例以JDK 1.8版本编写，这个版本也是企业开发中普遍采用的稳定版本，示例代码能够运行在JDK 1.8及以上版本的Java环境中。

本书作者具有丰富的企业软件研发经验和Java EE方向的教学培训经验，了解初学者学习的典型情况和容易产生混淆或疑惑的知识点，书中技术要点均以最直观化、最易懂的方式表达出来。

本书内容

本书按照Java语言的核心编程知识和企业应用开发需求，将主要内容划分为：Java语言编程基础、Java面向对象程序设计、Java API高级编程三大专题。根据三个专题的主要内容设计每个专题对应的贯穿阶段项目案例，项目案例贯穿整个专题的各个章节。

Java语言编程基础专题以"面向过程版的商超购物管理系统"作为贯穿项目,包括Java开发入门、Java基本语法、Java程序流程控制和数组4章,用于夯实Java编程语法基础。

Java面向对象程序设计专题以"面向对象版的超市购物系统"为贯穿项目,包括Java类和对象、Java继承和多态、Java抽象类和接口、Java异常处理及Java图形界面编程5章,为面向对象程序设计思想的理解和编程能力的提升奠定基础。

Java API高级编程专题以"端对端聊天系统"为贯穿项目,包括Java集合、Java多线程、Java网络编程、IO流及Java反射机制5章,用于提升读者应用Java API进行软件开发的能力。

示例源代码、PPT课件、教学大纲等资源下载

本书配套示例源代码、PPT课件、教学大纲、课程设计指导书、实训任务指导书、课后练习答案及Java核心编程参考文档,需要使用微信扫描右面的二维码获取。阅读过程中如果发现问题或者疑问,请发送邮件至booksaga@163.com,邮件主题写"Java项目驱动开发教程"。

本书读者

本书精心选取企业开发所需的、系统的Java编程核心技术,没有额外的内容堆叠,层次清晰,实战性强,配套资源丰富,非常适合需要全面学习Java核心编程知识的初学者,也适合高等院校相关专业师生作为教材或教学参考书使用。

作　者

2023年2月

目 录

第一专题　Java 语言编程基础

第 1 章　Java 开发入门 …………………… 5
　1.1　Java 简介 ……………………………… 5
　1.2　Java 基础开发环境搭建 ……………… 6
　　1.2.1　JDK 下载 ………………………… 6
　　1.2.2　安装 JDK ………………………… 7
　　1.2.3　配置环境变量 …………………… 8
　　1.2.4　测试是否安装成功 ……………… 8
　1.3　Java 编程初体验 ……………………… 9
　　1.3.1　创建 HelloWorld.java 源文件 …… 9
　　1.3.2　javac 命令编译 …………………… 9
　　1.3.3　java 命令运行 …………………… 10
　1.4　Java 带包类的编译和运行 …………… 10
　　1.4.1　修改 HelloWorld.java 的
　　　　　源代码 …………………………… 10
　　1.4.2　通过 javac 命令重新编译 ……… 10
　　1.4.3　通过 java 命令运行有包
　　　　　声明的类 ………………………… 11
　1.5　javac 命令的更多参数 ……………… 11
　1.6　java 命令的更多参数 ………………… 12
　1.7　main 方法接收参数 ………………… 13
　1.8　javadoc 命令 ………………………… 14
　1.9　Java 开发利器 ……………………… 15
　　1.9.1　下载 Eclipse …………………… 16
　　1.9.2　安装 Eclipse …………………… 16
　　1.9.3　Eclipse 中 Java 项目的创建 …… 17
　　1.9.4　Eclipse 项目的导入 …………… 19
　　1.9.5　在 Eclipse 中给 main 方法
　　　　　传递参数 ………………………… 20
　　1.9.6　Eclipse 的快捷键 ……………… 21
　1.10　实训 1：商超购物管理系统欢迎
　　　　界面 ……………………………… 22
　1.11　本章总结 …………………………… 22
　1.12　课后练习 …………………………… 23

第 2 章　Java 的基本语法 ………………… 24
　2.1　Java 程序的基本格式 ……………… 24
　2.2　Java 中的关键字 …………………… 26
　2.3　Java 中的标识符 …………………… 27
　2.4　Java 中的常量 ……………………… 28
　2.5　Java 中的变量 ……………………… 29
　　2.5.1　变量声明的语法 ………………… 29
　　2.5.2　Java 中的数据类型 ……………… 30
　　2.5.3　数据类型与默认值 ……………… 31
　　2.5.4　成员变量与局部变量 …………… 32
　　2.5.5　在 main 方法中访问成员
　　　　　变量 ……………………………… 32
　2.6　Java 运算符和表达式 ……………… 33
　　2.6.1　Java 中的运算符列表 …………… 33
　　2.6.2　进制之间的转换 ………………… 38
　　2.6.3　基本类型及其包装类型 ………… 39
　　2.6.4　equals 方法 ……………………… 39

2.7	Java 修饰符和包结构	40
	2.7.1　Java 包结构	40
	2.7.2　导入包	41
	2.7.3　访问修饰符	43
2.8	实训 2：文件创建和数据类型转换	48
2.9	本章总结	51
2.10	课后练习	51

第 3 章　Java 程序流程控制 53

3.1	Java 分支结构	53
	3.1.1　单分支语句	54
	3.1.2　switch 语句	54
3.2	Java 循环结构	55
	3.2.1　while 循环	55
	3.2.2　do-while 循环	55
	3.2.3　for 循环	56
3.3	break 和 continue 关键字	56
3.4	实训 3：登录及收银	58

3.5	本章总结	60
3.6	课后练习	60

第 4 章　数组 62

4.1	数组初探	62
	4.1.1　创建数组	62
	4.1.2　数组的维度	63
4.2	数组的遍历	67
4.3	数组的排序	68
	4.3.1　冒泡排序	69
	4.3.2　直接选择排序	69
	4.3.3　插入排序	70
	4.3.4　快速排序	71
4.4	数组元素的查找	72
4.5	Arrays 工具类	73
4.6	实训 4：商品管理	73
4.7	本章总结	78
4.8	课后练习	78

第二专题　Java 面向对象程序设计

第 5 章　Java 类和对象 83

5.1	对象和类的概念	83
	5.1.1　对象的概念	83
	5.1.2　类的概念、类与对象关系	83
5.2	类与对象的定义和使用	84
	5.2.1　类的设计	84
	5.2.2　对象的创建和使用	85
5.3	构造函数和重载	86
	5.3.1　Java 中的构造函数	86
	5.3.2　Java 中的默认构造方法	87
	5.3.3　构造方法及其重载	87
5.4	成员变量、局部变量、this 关键字	88
5.5	实训 5：商品价格计算	90
5.6	本章总结	91

5.7	课后练习	91

第 6 章　Java 的继承和多态 92

6.1	Java 的继承	92
6.2	重写	94
	6.2.1　重写 toString	95
	6.2.2　重写 equals	96
6.3	类型转换	98
6.4	super 关键字	100
6.5	多态	101
	6.5.1　多态的定义	101
	6.5.2　多态的实现	103
6.6	实训 6：输出不同商品信息	106
6.7	本章总结	107
6.8	课后练习	107

第 7 章　Java 抽象类和接口 ………… 108

- 7.1　Java 抽象类 ………………………… 108
- 7.2　Java 抽象方法 ……………………… 109
- 7.3　实训 7：简易超市购物系统 ……… 110
- 7.4　接口 ………………………………… 111
  - 7.4.1　Java 的多重继承 …………… 113
  - 7.4.2　通过继承来扩展接口 ……… 114
  - 7.4.3　接口中的常量 ……………… 115
  - 7.4.4　JDK 1.8 的默认实现 ……… 115
- 7.5　本章总结 …………………………… 115
- 7.6　课后练习 …………………………… 116

第 8 章　Java 异常处理 ………………… 117

- 8.1　Java 异常概述 ……………………… 117
- 8.2　Java 异常处理方法 ………………… 118
  - 8.2.1　处理异常：try、catch 和 finally …………………………… 118
  - 8.2.2　try-catch-finally 规则 ……… 119
  - 8.2.3　声明抛出异常 ……………… 120
  - 8.2.4　JDK 1.7 一次捕获多个异常 … 121
- 8.3　Java 异常处理的分类 ……………… 121
  - 8.3.1　检测异常 …………………… 121
  - 8.3.2　非检测异常 ………………… 122
  - 8.3.3　自定义异常 ………………… 122
- 8.4　Java 异常处理的原则和忌讳 ……… 122
  - 8.4.1　Java 异常处理的原则 ……… 122
  - 8.4.2　Java 异常处理的忌讳 ……… 122
- 8.5　Java 自定义异常 …………………… 123
- 8.6　常见的异常 ………………………… 125
- 8.7　实训 8：商品信息查询 …………… 126
- 8.8　异常的典型举例 …………………… 127
- 8.9　本章总结 …………………………… 129
- 8.10　课后练习 ………………………… 130

第 9 章　Java 图形界面编程 …………… 131

- 9.1　AWT 和 Swing ……………………… 131
- 9.2　组件和容器 ………………………… 132
- 9.3　事件驱动程序设计基础 …………… 132
  - 9.3.1　事件、监视器和监视器注册 ………………………… 132
  - 9.3.2　实现事件处理的途径 ……… 132
  - 9.3.3　事件类型和监视器接口 …… 133
- 9.4　界面组件 …………………………… 134
  - 9.4.1　窗口 ………………………… 134
  - 9.4.2　容器 ………………………… 135
  - 9.4.3　标签 ………………………… 137
  - 9.4.4　按钮 ………………………… 137
  - 9.4.5　JPanel ……………………… 138
  - 9.4.6　JScrollPane ………………… 139
  - 9.4.7　文本框 ……………………… 140
  - 9.4.8　文本区 ……………………… 141
  - 9.4.9　选择框 ……………………… 143
  - 9.4.10　单选框 …………………… 143
  - 9.4.11　单选按钮 ………………… 144
  - 9.4.12　列表 ……………………… 144
  - 9.4.13　组合框 …………………… 145
  - 9.4.14　菜单条、菜单和菜单项 … 146
- 9.5　布局 ………………………………… 148
  - 9.5.1　FlowLayout 布局 …………… 149
  - 9.5.2　BorderLayout 布局 ………… 149
  - 9.5.3　GridLayout 布局 …………… 149
  - 9.5.4　CardLayout 布局 …………… 150
  - 9.5.5　null 布局与 setBounds 方法 … 151
- 9.6　实训 9：超市管理系统图形登录界面 ………………………………… 152
- 9.7　对话框 ……………………………… 153
  - 9.7.1　JDialog 类 ………………… 153
  - 9.7.2　JOptionPane 类 …………… 155
- 9.8　鼠标事件 …………………………… 157
  - 9.8.1　MouseListener 接口 ………… 157
  - 9.8.2　MouseMotionListener 接口 … 160
- 9.9　键盘事件 …………………………… 162

9.10 本章总结 ……………………… 163

9.11 课后练习 ……………………… 163

第三专题　Java API 高级编程

第 10 章　Java 集合 ……………………… 169

10.1 Collection 接口 ……………………… 169

　10.1.1 AbstractCollection 抽象类 …… 170

　10.1.2 Iterator 接口 ……………… 170

10.2 List 接口 ……………………… 171

10.3 Set 接口 ……………………… 173

　10.3.1 Hash 表 ……………………… 173

　10.3.2 Comparable 接口和 Comparator 接口 ……………………… 173

　10.3.3 SortedSet 接口 ……………… 176

　10.3.4 HashSet 类和 TreeSet 类 …… 176

10.4 Map 接口 ……………………… 178

　10.4.1 HashMap 类和 TreeMap 类 …… 179

　10.4.2 LinkedHashMap 类 ………… 181

10.5 本章总结 ……………………… 181

10.6 课后练习 ……………………… 181

第 11 章　Java 多线程 ……………………… 182

11.1 线程与线程类 ………………… 182

　11.1.1 线程的概念 ………………… 182

　11.1.2 Thread 类和 Runnable 接口 … 184

11.2 线程的创建 …………………… 185

　11.2.1 继承 Thread 类并创建线程 … 185

　11.2.2 实现 Runnable 接口并创建线程 ……………………… 186

11.3 实训 10：开启服务器主线程 … 187

11.4 线程的状态与调度 …………… 189

11.5 线程状态的改变 ……………… 190

　11.5.1 控制线程的启动和结束 …… 191

　11.5.2 线程就绪和阻塞条件 ……… 192

11.6 线程的同步与共享 …………… 193

　11.6.1 资源冲突 …………………… 193

　11.6.2 对象锁的实现 ……………… 194

　11.6.3 线程间的同步控制 ………… 196

11.7 本章总结 ……………………… 199

11.8 课后练习 ……………………… 200

第 12 章　Java 网络编程 ……………………… 201

12.1 两类传输协议：TCP 和 UDP … 201

　12.1.1 两者之间的比较 …………… 201

　12.1.2 应用 ………………………… 202

12.2 基于 Socket 的 Java 网络编程 … 202

　12.2.1 什么是 Socket ……………… 202

　12.2.2 Socket 通信的过程 ………… 202

　12.2.3 创建 Socket ………………… 203

12.3 实训 11：服务器服务线程 …… 203

12.4 简单的 Client/Server 程序 …… 205

12.5 实训 12：客户端处理线程 …… 207

12.6 Datagram 通信 ………………… 209

　12.6.1 什么是数据报 ……………… 210

　12.6.2 数据报的使用 ……………… 210

　12.6.3 用数据报进行广播通信（MulticastSocket）………… 211

12.7 本章总结 ……………………… 213

12.8 课后练习 ……………………… 213

第 13 章　Java IO 流 ……………………… 214

13.1 输入/输出字节流 ……………… 214

　13.1.1 InputStream 类 ……………… 215

　13.1.2 OutputStream 类 …………… 215

　13.1.3 FileInputStream 类 ………… 216

　13.1.4 FileOutputStream 类 ………… 216

	13.1.5 其他输入输出字节流………… 217	
13.2	实训 13：用户注册功能…………… 221	
13.3	实训 14：用户登录功能…………… 228	
13.4	输入/输出字符流…………………… 233	
	13.4.1 字符输入流 Reader………… 234	
	13.4.2 字符输出流 Writer………… 235	
	13.4.3 转换输入/输出流…………… 236	
13.5	File 类……………………………… 237	
	13.5.1 File 类的对象代表文件 路径……………………………… 237	
	13.5.2 File 类的常用方法………… 237	
13.6	本章总结…………………………… 239	
13.7	课后练习…………………………… 240	

第 14 章 Java 反射机制…………………… 242

14.1	获取类的方法……………………… 242	
14.2	获取构造函数信息………………… 243	
14.3	获取类的字段……………………… 244	
14.4	根据方法的名称来执行方法……… 245	
14.5	改变字段的值……………………… 246	
14.6	类加载与反射创建对象…………… 247	
	14.6.1 类加载机制………………… 247	
	14.6.2 通过反射创建对象及获取 对象信息……………………… 248	
14.7	实训 15：添加好友和好友列表…… 251	
14.8	实训 16：好友聊天功能…………… 255	
14.9	本章总结…………………………… 258	
14.10	课后练习…………………………… 258	

第一专题
Java语言编程基础

本专题主要讲解Java开发入门、Java基本语法、Java流程控制语句和数组。本专题对应的贯穿项目案例为：商超购物管理系统，具体项目需求和最终效果描述如下。

商超购物管理系统包括商品维护、前台收银两大功能。基本需求和效果如专题一图1所示。

专题一图1

1. 商品维护

（1）商品维护菜单的显示：输入数字进入相应操作界面，输入0返回主菜单，如专题一图2所示。

专题一图2

（2）商品添加：输入商品名称、商品价格和商品数量。输入的商品价格应为大于0的实数，商品数量应为大于0的整数，否则显示输入错误。完成一件商品录入后，可选择输入"y"继续进行添加操作，或者输入"n"返回商品维护菜单，如专题一图3所示。

```
请选择，输入数字或按0返回上一级菜单：
1
执行添加商品操作：

添加商品名称：
香蕉
输入添加商品价格：
3
输入添加商品数量：
200

是否继续（y/n）
```

专题一图3

（3）商品的更改：输入要更改的商品名，显示现有的商品名称、商品价格和商品数量，选择要更改的项（商品名称、价格或者数量），输入变更内容，完成本次变更。可输入"y"继续进行更改操作，或者输入"n"返回商品维护菜单，如专题一图4所示。

```
请选择，输入数字或按0返回上一级菜单：
2
执行更改商品操作

输入更改商品名称：
香蕉
商品名称      商品价格      商品数量      备注
香蕉          3.0           200
选择您要更改的内容：
1、更改商品名称：
2、更改商品价格：
3、更改商品数量：
3
请输入已更改商品数量
600

是否继续（y/n）
```

专题一图4

（4）商品的删除：输入要删除的商品名，显示现有的商品名称、商品价格和商品数量，再次确认即可删除该商品的全部数据。输入"y"继续进行删除操作，或者输入"n"返回商品维护菜单，如专题一图5所示。

```
请选择，输入数字或按0返回上一级菜单：
3
执行商品删除操作

请输入要删除的商品名称：
香蕉

是否继续（y/n）
```

专题一图5

（5）商品列表显示：可显示已有所有商品的名称、价格和数量，另有一列备注项，可提示不足库存，如专题一图6所示。

```
请选择，输入数字或按0 返回上一级菜单：
4
显示所有商品

商品名称      商品价格      商品数量      备注
杯子         15.0         150
碗           10.0         100
盘           20.0         193
勺子         3.0          2            *该商品已不足10件！
筷子         3.0          1999
苹果         5.5          100
```

专题一图6

（6）商品查询：可以选择按商品数量升序查询，或者按商品价格升序查询，以及输入关键字查询商品，如专题一图7所示。

```
请选择，输入数字或按0返回上一级菜单：
5
执行查询商品操作

1、按商品数量升序查询
2、按商品价格升序查询
3、输入关键字查询商品
请选择，输入数字或按0返回上一级菜单：
```

专题一图7

2. 前台收银

（1）售货员登录：选择登录系统，随机根据提示输入用户名和密码，若用户名和密码校验正确则进入系统，若校验失败则需重新输入用户名和密码。共有3次登录机会，若连续3次登录均校验失败，则退出程序，如专题一图8所示。

```
请选择，输入数字：1
请输入用户名：xiaoming

请输入密码：123


用户名和密码不匹配！
您还有2次登录机会，请重新输入：
请输入用户名：
```

专题一图8

（2）购物结算：输入商品关键字可显示商品相关信息，输入商品名称，填写购买数量，可自动显示商品单价和总价。输入"y"继续添加商品，输入"n"不再添加新商品，显示总计金额。输入实际交费金额，显示找零金额，确认后商品收银成功，商品库存数量减少，如专题一图9所示。

```
                        1.购物结算

输入商品关键字：
勺
商品名称        商品价格        商品数量        备注
勺子           3.0             2             *该商品已不足10件！


请选择商品：勺子
请输入购买数量：1
勺子            ¥3.0            购买数量1                勺子总价3.0

是否继续（y/n）n

总计：3.0

请输入实际交费金额：
10
找钱：7.0
谢谢光临！
```

专题一图9

环境要求：

- 要求使用Java集成开发环境Eclipse控制台开发程序。
- 要求使用Java数据类型转换、分支结构和循环结构，以及数组来实现所有功能。

项目要求：

该综合实训任务将作为本专题最后的测验项目。

第 1 章 Java开发入门

本章内容分为三部分。第一部分主要介绍Java编程语言的由来、发展和版本信息等。第二部分详细说明Java开发环境的安装和配置。开发Java程序前，必须安装Java开发环境，就像写Doc文档前要安装WPS或MS Office软件一样。开发Java程序需要安装JDK（Java Development Kit，Java开发工具包）。在安装JDK的同时，自带安装一个JRE（Java Runtime Environment，Java运行环境）。JRE也可以理解成我们经常说的JVM（Java Virtual Machine，Java虚拟机）。JRE/JVM就是Java程序运行的地方。第三部分带领读者体验Java编码、编译和运行的过程。该部分带领读者开发第一个Java源程序，并通过javac命令将Java源程序编译成可执行的字节码文件，了解Java程序的开发。在初学阶段，读者编写Java源程序时，可以使用记事本或者EditPlus、UltraEdit等高级记事本工具。

1.1 Java简介

Java最早是由SUN公司（已被Oracle收购）的詹姆斯·高斯林（Java之父）在20世纪90年代初开发的一种编程语言，最初被命名为Oak，目标是针对小型家电设备的嵌入式应用，结果市场没什么反响。互联网的崛起让Oak重新焕发了生机，于是SUN公司改造了Oak，在1995年以Java（Oak已经被人注册了，因此SUN注册了Java这个商标）的名称正式发布。随着互联网的高速发展，Java逐渐成为重要的网络编程语言。

Java介于编译型语言和解释型语言之间。编译型语言（如C、C++）直接编译成机器码执行，但是不同平台（x86、ARM等）的CPU指令集不同，因此需要编译出每一种平台的对应机器码。解释型语言（如Python、Ruby）没有这个问题，可以由解释器直接加载源码然后运行，代价是运行效率太低。Java将代码编译成一种"字节码"，类似于抽象的CPU指令，然后针对不同平台编写虚拟机，不同平台的虚拟机负责加载字节码并执行，这样就实现了"一次编写，到处运行"的效果。当然，这是针对Java开发者而言的。对于虚拟机，需要为每个平台分别开发。为了保证不同平台、不同公司开发的虚拟机都能正确执行Java字节码，SUN公司制定了一系列的Java虚拟机规范。从实践的角度看，JVM的兼容性做得非常好，低版本的Java字节码完全可以正常运行在高版本的JVM上。

随着 Java 的发展，SUN 给 Java 分出了 3 个不同版本：

- Java SE：Standard Edition。
- Java EE：Enterprise Edition。
- Java ME：Micro Edition。

简单来说，Java SE 就是标准版，包含标准的 JVM 和标准库；Java EE 是企业版，在 Java SE 的基础上添加了大量的 API 和库，以便开发 Web 应用、数据库、消息服务等；Java EE 使用的虚拟机和 Java SE 完全相同。

Java ME和Java SE不同，它是一个针对嵌入式设备的"瘦身版"，Java SE的标准库无法在Java ME上使用，Java ME的虚拟机也是"瘦身版"。

毫无疑问，Java SE是整个Java平台的核心，而Java EE是进一步学习Web应用所必需的。我们熟悉的Spring等框架都是Java EE开源生态系统的一部分。不幸的是，Java ME从来没有真正流行起来，反而是Android开发发展成为移动平台的标准之一。因此，没有特殊需求，不建议学习Java ME。

我们推荐的 Java 学习路线如下：

- 首先要学习Java SE，掌握Java语言本身、Java核心开发技术以及Java标准库的使用。
- 如果继续学习Java EE，那么Spring框架、数据库开发、分布式架构就是需要学习的。
- 如果要学习大数据开发，那么Hadoop、Spark、Flink这些大数据平台就是需要学习的，它们都基于Java或Scala开发的。
- 如果想要学习移动开发，就要深入学习Android平台，掌握Android App开发。

无论怎么选择，Java SE 的核心技术是基础。

1.2　Java基础开发环境搭建

要用Java进行开发，就需要准备开发、编译、运行各个阶段需要的软件或工具。Java开发所需要的工具集合包含在JDK中，所以要先到网上下载JDK的安装程序。不同的操作系统对应不同的版本，具体下载、安装、配置的过程会在下面具体介绍。

1.2.1　JDK下载

JDK可到官网下载，下载页面如图1-1所示。

选择同意选项，并根据自己的操作系统选择不同的版本，如图1-2所示。

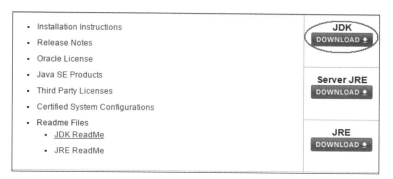

图1-1

Java SE Development Kit 8u112

You must accept the Oracle Binary Code License Agreement for Java SE to download this software.

Accept License Agreement　Decline License Agreement

Product / File Description	File Size	Download
Linux x86	162.42 MB	jdk-8u112-linux-i586.rpm
Linux x86	177.12 MB	jdk-8u112-linux-i586.tar.gz
Linux x64	159.97 MB	jdk-8u112-linux-x64.rpm
Linux x64	174.73 MB	jdk-8u112-linux-x64.tar.gz
Mac OS X	223.15 MB	jdk-8u112-macosx-x64.dmg
Solaris SPARC 64-bit	139.78 MB	jdk-8u112-solaris-sparcv9.tar.Z
Solaris SPARC 64-bit	99.06 MB	jdk-8u112-solaris-sparcv9.tar.gz
Solaris x64	140.46 MB	jdk-8u112-solaris-x64.tar.Z
Solaris x64	96.86 MB	jdk-8u112-solaris-x64.tar.gz
Windows x86	188.99 MB	jdk-8u112-windows-i586.exe
Windows x64	195.13 MB	jdk-8u112-windows-x64.exe

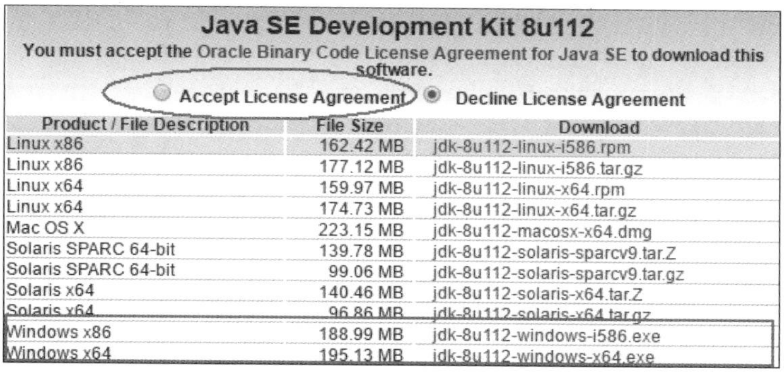

图1-2

1.2.2　安装JDK

下面演示如何在Windows操作系统上安装JDK。双击如图1-3所示的安装程序，选择安装目录（见图1-4），设置开发工具为JDK。选择安装“源代码”，可以方便在开发时查看源代码。公共JRE即独立的JVM运行环境。其实，在开发工具内部也包含一个公共JRE。

图1-3

安装成功的界面如图1-5所示，直接关闭即可。

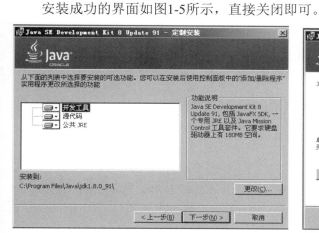

图1-4

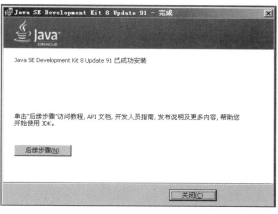

图1-5

1.2.3 配置环境变量

配置环境变量主要是为了让命令行程序可以自动识别javac.exe可执行程序。javac.exe是编译Java源文件的命令，通常叫javac编译命令。它位于JDK安装目录下的/bin目录下，如C:\Program Files\Java\JDK1.8_xx\bin。为了让javac编译命令可运行，需要配置以下两个环境变量：

- JAVA_HOME=C:\Program Files\Java\JDK1.8_xx;，即配置JAVA_HOME为JDK的安装目录。
- PATH=%JAVA_HOME%\bin;，即配置PATH为JDK安装目录下的bin目录。

配置环境变量：右击"我的电脑"，选择"属性"菜单，在弹出的窗口中选择"高级系统设置"项，再在弹出的对话框中单击"环境变量"按钮，弹出如图1-6所示的对话框，添加JAVA_HOME环境变量。

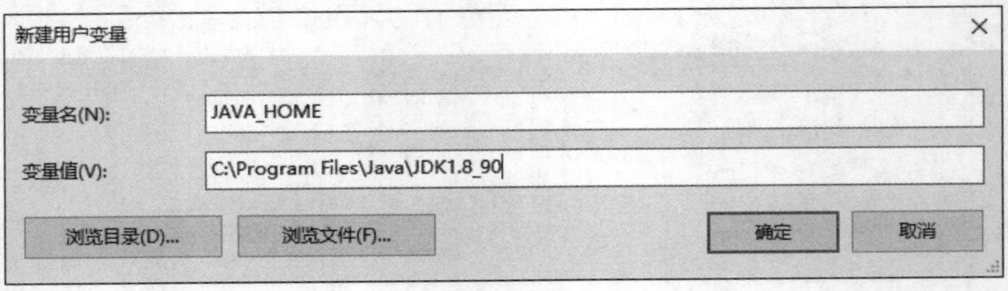

图1-6

接着添加PATH环境变量，如图1-7所示。

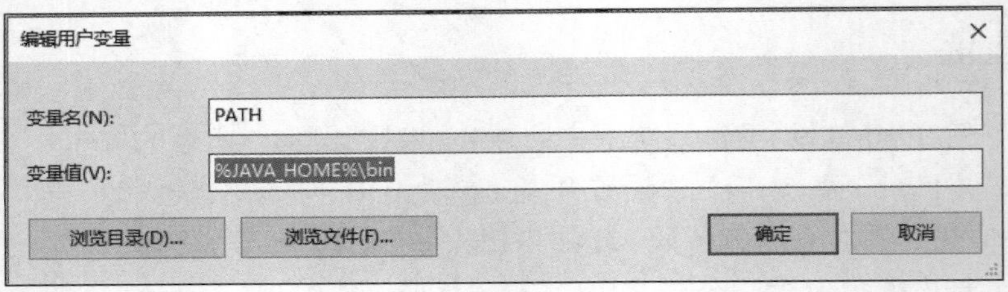

图1-7

注意：

（1）建议配置用户环境变量即可。如果配置系统环境变量，那么所有用户登录都可以。

（2）如果已经存在PATH环境变量，就应该在原有变量的基础上，通过英文分号（;）分开并追加到后面。

（3）建议环境变量的名称使用大写字母。

1.2.4 测试是否安装成功

打开命令行工具界面（可以通过按 Win+R 快捷键，并在打开的对话框中输入"cmd"的方式快速打开），然后输入：

```
C:\>javac -version
javac 1.8.0_77
```

如果通过 javac -version 命令输出了 javac 编译的版本，并且输出正确，则说明安装成功。

1.3 Java编程初体验

Java源文件就是一个以*.java结束的文本文件。Java语言是编译执行的语言。运行Java程序，必须先将*.java文件通过javac编译成*.class文件，然后通过java命令运行*.class文件，整个编译的运行过程如图1-8所示。

图1-8

在开发之前，建议创建一个目录，用于保存所有的Java源文件。本章中的所有源代码都将保存到D:/java目录下。

1.3.1 创建HelloWorld.java源文件

建议选择一个比较干净的目录，然后创建一个名称为HelloWorld.java的文本文件。

创建HelloWorld.java源文件，如图1-9所示。

图1-9

【文件 1.1】 HelloWorld.java

```
1.  public class HelloWorld{
2.      public static void main(String[] args){
3.          System.out.println("HelloWorld");
4.      }
5.  }
```

在上面的代码中，public 为权限修饰关键字，意为公开的。class 用于声明一个类。在 Java 中，所有的函数（方法）都必须放到一个类中，这也是面向对象的基本特性之一。HelloWorld 为类的名称。Java 规定，以 public 修饰的类必须与文件名相同，并区分大小写。main 为程序的入口方法。一个 Java 类，甚至是一个 Java 程序（可能包含 N 个类）一般都只有一个 main 入口方法。在目前学习阶段，我们可以在每一个类中都声明 main 方法。String[] args 为形式参数。

第3行为系统输出语句，用于输出HelloWorld到命令行。

开发时，请注意大小写，执行语句结束使用英文分号（;），大括号（指上面代码中的"{"和"}"）要有开始和结束。

1.3.2 javac命令编译

在命令行中输入以下代码：

```
D:\java\> javac HelloWorld.java
```

将会发现在同一目录下已经将 HelloWorld.java 编译成 HelloWorld.class，如图 1-10 所示。

1.3.3 java命令运行

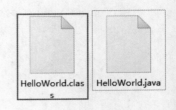

图1-10

在使用 java 命令运行 HelloWorld.class 文件时，不需要输入.class 扩展名：

```
D:\java>java HelloWorld
HelloWorld
```

如果输出 HelloWorld，则表示 HelloWorld 程序运行成功。

1.4 Java带包类的编译和运行

包声明的关键字为package。在Java中，可以将相同的类放到不同的包中加以区分。同时，package包声明语句还可以进行基本的权限控制。

1.4.1 修改HelloWorld.java的源代码

修改HelloWorld.java的源代码，在第一句添加package关键字声明的包。

【文件 1.2】 HelloWorld1.java

```
1.  package cn.oracle;
2.  public class HelloWorld1{
3.      public static void main(String[] args){
4.          System.out.println("HelloWorld");
5.      }
6.  }
```

第1行为新添加的包声明语句，后面通过点（.）声明带有层次的包，如cn.oracle（在cn包下的oracle子包）。

1.4.2 通过javac命令重新编译

javac命令拥有一个参数-d <目录>，可以直接将包声明语句编译成目录。

```
D:\java>javac -d . HelloWorld.java
```

-d参数后面的点（.）为当前目录，即将HelloWorld.java源文件带包名直接编译到当前目录下，编译以后的文件名如图1-11所示。

在cn目录下有一个oracle目录，oracle目录下有HelloWorld1.class源文件。

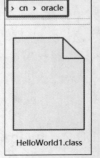

图1-11

使用package声明的包最终将编译成文件夹。其实也可以直接将包声明语句理解为目录或文件夹，只要便于记忆即可（记住，拥有自己独特的学习和记忆方法是成功的关键）。

1.4.3 通过java命令运行有包声明的类

在使用javac -d <目录>编译成功以后，编译的目录（源代码所在的目录）叫源代码目录。编译后的目录叫classpath目录（存放所有*.class的目录）。我们不能直接进入cn/oracle目录中去运行一个Java程序。注意：只能在classpath的根目录（D:/java）下执行Java运行命令。

运行Java程序：

```
D:\a>java cn.oracle.HelloWorld1
HelloWorld
```

注意：在创建Java源文件时，通过"我的电脑→查看→文件→选项"操作，将"隐藏已知文件类型的扩展名"选项取消，如图1-12所示。

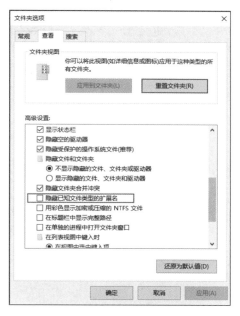

图1-12

1.5 javac命令的更多参数

javac命令的更多参数可以通过运行javac -help命令来查看：

```
D:\java>javac -help
```

用法：

```
javac <options> <source files>
```

其中，可能的选项包括：

```
-g                              生成所有调试信息
-g:none                         不生成任何调试信息
-g:{lines,vars,source}          只生成某些调试信息
-nowarn                         不生成任何警告
-verbose                        输出有关编译器正在执行的操作的消息
-deprecation                    输出使用已过时的 API 的源位置
-classpath <路径>               指定查找用户类文件和注释处理程序的位置
-cp <路径>                      指定查找用户类文件和注释处理程序的位置
-sourcepath <路径>              指定查找输入源文件的位置
-bootclasspath <路径>           覆盖引导类文件的位置
-extdirs <目录>                 覆盖所安装扩展的位置
-endorseddirs <目录>            覆盖签名的标准路径的位置
-proc:{none,only}               控制是否执行注释处理和/或编译
-processor <class1>[,<class2>,<class3>...]  要运行的注释处理程序的名称，绕过默认的搜索进程
-processorpath <路径>           指定查找注释处理程序的位置
-parameters                     生成元数据以用于方法参数的反射
-d <目录>                       指定放置生成的类文件的位置
-s <目录>                       指定放置生成的源文件的位置
-h <目录>                       指定放置生成的本机标头文件的位置
-implicit:{none,class}          指定是否为隐式引用文件生成类文件
-encoding <编码>                指定源文件使用的字符编码
-source <发行版>                提供与指定发行版的源兼容性
-target <发行版>                生成特定 VM 版本的类文件
-profile <配置文件>             请确保使用的 API 在指定的配置文件中可用
-version                        版本信息
-help                           输出标准选项的提要
-A 关键字[=值]                  传递给注释处理程序的选项
-X                              输出非标准选项的提要
-J<标记>                        直接将<标记>传递给运行时系统
-Werror                         出现警告时终止编译
@<文件名>                       从文件读取选项和文件名
```

1.6 java命令的更多参数

java命令的更多参数可以通过运行java –help命令查看：

```
D:\java>java -help
```

用法：

```
java [-options] class [args...]
        (执行类)
```

或

```
java [-options] -jar jarfile [args...]
        (执行 jar 文件)
```

其中选项包括：

```
    -d32          使用 32 位数据模型 (如果可用)
```

```
-d64              使用 64 位数据模型 (如果可用)
-client           选择 "client" VM
-server           选择 "server" VM
                  默认 VM 是 client

-cp <目录和 zip/jar 文件的类搜索路径>
-classpath <目录和 zip/jar 文件的类搜索路径>
                  用 ; 分隔的目录, JAR 档案
                  和 ZIP 档案列表, 用于搜索类文件
-D<名称>=<值>
                  设置系统属性
-verbose:[class|gc|jni]
                  启用详细输出
-version          输出产品版本并退出
-version:<值>
                  警告: 此功能已过时, 将在
                  未来发行版中删除。
                  需要指定的版本才能运行
-showversion      输出产品版本并继续
-jre-restrict-search | -no-jre-restrict-search
                  警告: 此功能已过时, 将在
                  未来发行版中删除。
                  在版本搜索中包括/排除用户专用 JRE
-? -help          输出此帮助消息
-X                输出非标准选项的帮助
-ea[:<packagename>...|:<classname>]
-enableassertions[:<packagename>...|:<classname>]
                  按指定的粒度启用断言
-da[:<packagename>...|:<classname>]
-disableassertions[:<packagename>...|:<classname>]
                  禁用具有指定粒度的断言
-esa | -enablesystemassertions
                  启用系统断言
-dsa | -disablesystemassertions
                  禁用系统断言
-agentlib:<libname>[=<选项>]
                  加载本机代理库 <libname>, 例如-agentlib:hprof
                  另请参阅 -agentlib:jdwp=help 和-agentlib:hprof=help
-agentpath:<pathname>[=<选项>]
                  按完整路径名加载本机代理库
-javaagent:<jarpath>[=<选项>]
                  加载 Java 编程语言代理, 请参阅 java.lang.instrument
-splash:<imagepath>
                  使用指定的图像显示启动屏幕
```

1.7 main方法接收参数

在main方法中, String[] args为命令行参数。在执行时, 可以利用空格通过"java 参数1 参数2…"的方式将所有参数传递给入口方法main。

【文件 1.3】 HelloWorld2.java

```
1.   package cn.oracle;
2.   public class HelloWorld2{
3.       public static void main(String[] args){
4.           System.out.println("参数的个数为："+args.length);
5.           for(int i=0;i<args.length;i++){
6.               System.out.println(args[i]);
7.           }
8.       }
9.   }
```

在上面的代码中，第4行输出命令行参数的个数。for是循环控制语句（后面将会讲到），用于从第一个参数输出到最后一个参数。

使用javac编译上面的代码，然后使用以下命令运行编译以后的程序：

```
D:\a>javac -d . HelloWorld2.java
D:\a>java cn.oracle.HelloWorld2 Jack Mary Alex Mrchi
参数的个数为：4
Jack
Mary
Alex
Mrchi
```

1.8 javadoc命令

javadoc命令用于将标准的javadoc注释生成文档。javadoc标准注释一般是：注释到类上，对类起说明作用；注释到方法或成员变量上，对方法或者功能成员变量的含义做出说明。例如，存在以下javadoc注释。

【文件 1.4】 ExampleJavaDoc.java

```
1.   package cn.oracle;
2.   /**
3.    用javadoc对类做出功能说明<br>
4.    本类演示如何使用javadoc注释<br>
5.    并演示如何通过javadoc命令生成文档
6.    @author oracle
7.    @version 1.0
8.   */
9.   public class ExampleJavaDoc{
10.      /**
11.       用javadoc对成员变量添加说明
12.      */
13.      private String name;
14.
15.      /**
16.       用javadoc对方法添加说明<br>
17.       以下方法用于输出一个HelloWorld串
18.      */
```

```
19.     public void print(){
20.         System.out.println("HellOworld");
21.     }
22. }
```

使用以下命令生成标准文档:

```
D:\java>javadoc -author ExampleJavaDoc.java
正在加载源文件 ExampleJavaDoc.java...
正在构造 Javadoc 信息...
标准 Doclet 版本 1.8.0_77
正在构建所有程序包和类的树...
正在生成.\cn\oracle\ExampleJavaDoc.html...
正在生成.\cn\oracle\package-frame.html...
正在生成.\cn\oracle\package-summary.html...
正在生成.\cn\oracle\package-tree.html...
正在生成.\constant-values.html...
正在构建所有程序包和类的索引...
正在生成.\overview-tree.html...
正在生成.\index-all.html...
正在生成.\deprecated-list.html...
正在构建所有类的索引...
正在生成.\allclasses-frame.html...
正在生成.\allclasses-noframe.html...
正在生成.\index.html...
正在生成.\help-doc.html...
```

第 1 行是生成的命令,后面是自动生成文档时输出的信息。生成以后的文档如图 1-13 所示。打开 index.html,将会看到标准的 javadoc 文档,如图 1-14 所示。

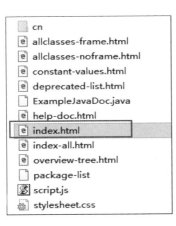

图1-13

图1-14

1.9　Java开发利器

工欲善其事,必先利其器。由于记事本编写代码速度慢且不易排查错误,为了提高程序的开发效率，可以使用集成开发工具（Integrated Development Environment，IDE）进行 Java 开发，目前市场上的 Java IDE 很多，接下来为读者推荐几款 Java 开发工具：

- Eclipse（推荐）：免费开源的Java IDE，企业Java开发经典的IDE工具，有巨大稳定的用户群体、强大的插件支持和完善的技术资料。
- JetBrains的IntelliJ IDEA：目前有不少企业使用该开发工具，代码提示较为智能，功能强大。
- Notepad++：Notepad++是在微软Windows环境之下的一个免费的代码编辑器。
- NetBeans：开源免费的Java IDE，是Oracle公司收购的一个Java集成开发环境。

本书我们将使用 Eclipse 作为开发环境，采用的版本为 4.6.1。

1.9.1　下载Eclipse

Eclipse是一个开源且免费的开发环境，在www.eclipse.org官网上即可下载到最新版本的Eclipse。

Eclipse的下载页面如图1-15所示，找到跟JDK匹配的版本，本书采用的Eclipse的版本为4.6.1，读者需要根据操作系统位数下载相应的版本。

图1-15

1.9.2　安装Eclipse

下载的Eclipse软件是一个ZIP类型的压缩文件，解压即可使用。请保证你已经安装了JDK，并正确地配置了JAVA_HOME和PATH两个环境变量。

在解压以后，得到如图1-16所示的目录。

其中，eclipse.exe为运行Eclipse的可执行文件，双击后，将启动Eclipse，然后选择一个工作区（workspaces，今后所有Java项目所保存的目录）。

启动时要选择工作区，其中，workspace默认的目录为C:/administrator/workspaces，但是不建议将所有的项目都放到C盘，所以这里可以输入一个你喜欢的其他任意目录。建议工作区也不要在C盘上。比如我们把它放在D盘，如图1-17所示。

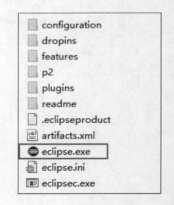

图1-16

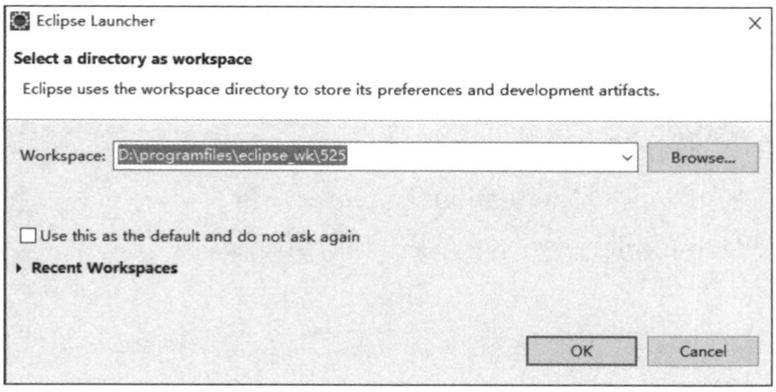

图1-17

1.9.3　Eclipse中Java项目的创建

在 Eclipse 中创建的 Java 项目为 Java 源代码项目，一般包含两个目录：src 为源代码目录，bin 为 classpath 目录。以下是 Java 项目的目录结构：

- project：项目名，包含源代码目录src。
- bin：字节码目录，所有编译后的.class文件都自动保存到这个目录下。
- .project：Eclipse项目的配置文件。

1．创建Java项目

依次选择菜单项File→New→Java Project，如图1-18所示。

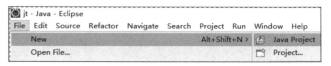

图1-18

2．输入项目名称

在New Java Project窗口中输入项目名称以后，直接单击Finish按钮，如图1-19所示。

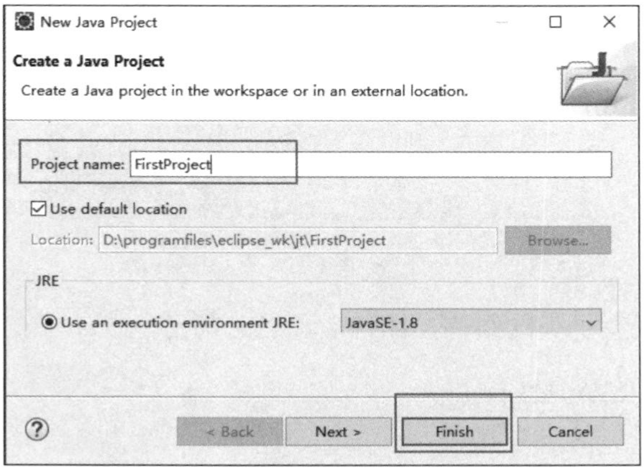

图1-19

3. 开发Java类

建议使用Package Explorer来查看项目的结构，它将会隐藏bin目录。虽然看不见bin目录，但是它依然存在。如果想要查看bin目录，则可以通过Navigation Explorer来查看，不过建议使用Package Explorer。创建以后的项目结果如图1-20所示。

图1-20

在图1-20所示的窗口中，第一个框为显示的视图，第二个框src为源代码目录，第三个框JRE System Library为引用的JDK版本。

在src处右击，在弹出菜单中选择菜单项New→Class即可创建一个Java类，如图1-21所示。

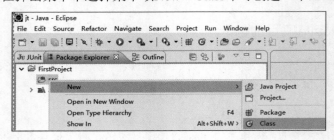

图1-21

输入类名及包名，如图1-22所示。

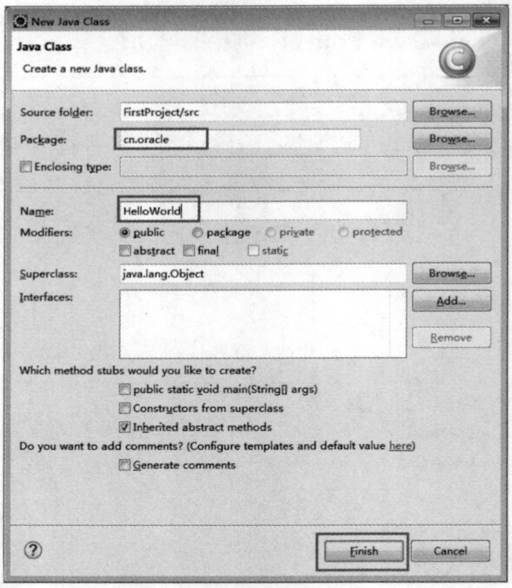

图1-22

创建的Java类已经有了类的结构，如包名和类名都已经自动填充完毕。

【文件 1.5】　HelloWorld3.java

```
1.   package cn.oracle;
2.   public class HelloWorld3 {
3.   }
```

4．填充main方法

此时，只要在HelloWorld类里面实现main方法即可。

【文件 1.6】　　HelloWorld4.java

```
1.  package cn.oracle;
2.  public class HelloWorld4 {
3.      public static void main(String[] args) {
4.          System.err.println("HelloWorld");
5.      }
6.  }
```

5．运行程序

在Eclipse中运行一个main方法，只要在拥有main方法中的类中右击，在弹出菜单中选择Run As → Java Application即可，如图1-23所示。

图1-23

运行结果可以通过控制台查看。

至此，就可以使用Eclipse开发Java项目了。

1.9.4　Eclipse项目的导入

如果已经存在一个Java项目，则可以使用Eclipse的导入功能直接导入，具体步骤如下。

（1）依次选择File→Import命令，如图1-24所示。

（2）选择已经存在的Eclipse项目，导入当前项目中，如图1-25所示。

图1-24

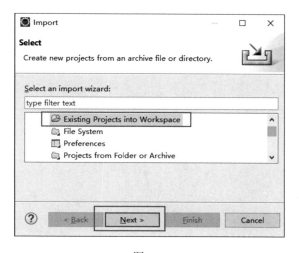

图1-25

（3）选择需要导入的项目，并选中Copy projects into workspace，如图1-26所示。

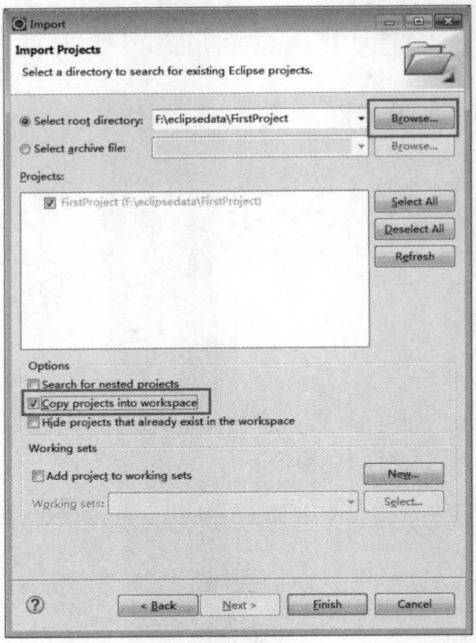

图1-26

（4）单击Finish按钮，导入项目成功。

注意：在导入项目之前，要保证在Eclipse中不存在重名的项目。

1.9.5　在Eclipse中给main方法传递参数

在命令行使用java命令，可以将多个参数通过空格分开后传递给main方法。在Eclipse中也有同样的传递参数的位置。选择菜单项Run As→Run Configurations→Arguments打开配置参数的窗口，在Program arguments下添加参数，如图1-27所示。

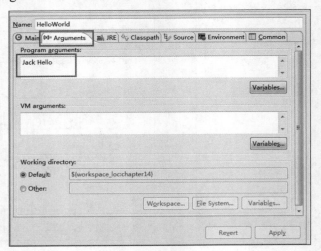

图1-27

1.9.6　Eclipse的快捷键

Eclipse中有很多快捷键，它将让你的程序开发变得快步如飞。建议读者经常使用这些快捷键，从而达到运用自如的地步。

在Eclipse中，输出System.out.println("")时只要打出sysout或者syso+Alt+/即可补全所有代码。Eclipse中常用的快捷键说明如下：

（1）Ctrl+Space：提供对方法、变量、参数、javadoc等信息的提示，应用在多种场合。总之，需要提示的时候可先按此快捷键。

（2）Ctrl+Shift+Space：变量提示。

（3）Ctrl+/：添加/消除//注释，在Eclipse 2.0中，消除注释为Ctrl+\。

（4）Ctrl+Shift+/：添加/* */注释。

（5）Ctrl+Shift+\：消除/* */注释。

（6）Ctrl+Shift+F：自动格式化代码。

（7）Ctrl+1：批量修改源代码中的变量名。此外，还可用在catch块上。

（8）Ctrl+F6：界面切换。

（9）Ctrl+Shift+M：查找所需要的包。

（10）Ctrl+Shift+O：自动引入所需要的包。

（11）Ctrl+Alt+S：源代码的快捷菜单。

（12）Alt+/：内容辅助。

更多快捷键可以参考 Eclipse 的官方网站，或者通过图 1-28 所示的界面去了解默认的快捷键。

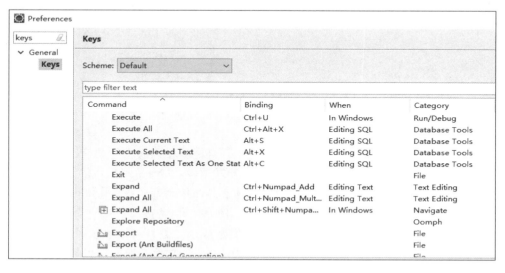

图1-28

1.10 实训1：商超购物管理系统欢迎界面

1. 需求说明

打印输出商超购物管理系统的欢迎界面和商品维护菜单的显示界面，界面参看专题一的专题一图1和专题一图2所示。

2. 训练要点

熟练使用Java开发工具，如Eclipse等，学会创建Java项目，能够正确运行程序。

3. 实现思路

（1）打开Eclipse，创建Java项目。
（2）编写代码，打印输出商超购物管理系统的欢迎界面。

4. 解决方案及关键代码

```
1.    package cn.oracle;
2.    public class Shop1 {
3.        public static void main(String[] args) {
4.            System.out.println("\n\n\t\t\t 商超购物管理系统\n");
5.            System.out.println("*******************************************");
6.            System.out.println("\t\t\t\t1.商品维护\n");
7.            System.out.println("\t\t\t\t2.前台收银\n");
8.            System.out.println("*******************************************");
9.            System.out.println("请选择，输入数字或按 0 退出：");
10.       }
11.   }
```

1.11 本 章 总 结

Java语言是目前最受企业欢迎的编程语言之一，有许多相关的工作岗位。无论从事哪个岗位，Java的核心技术都是基础。JDK是Java必备的开发工具。Java是跨平台的语言，JDK并不跨平台，要根据不同的操作系统选择不同的JDK版本。Java是运行在JRE里面的。

安装JDK后，需要配置两个环境变量：JAVA_HOME和PATH。

使用java -version命令可以检查当前JDK是否安装成功，并且可以显示版本信息。

Java源程序就是扩展名为*.java的文本文件。在*.java源文件开发完成以后，通过javac命令将*.java文件编译成*.class字节码文件，然后通过java命令运行Java的字节码文件。

Eclipse是一个集成开发工具，经常使用就会熟练。需要说明的是，只有掌握了Java代码的运行和编译才是关键。这样，无论使用什么Java开发工具，都可以信手拈来。

1.12 课后练习

1. 简述在Eclipse中Java项目src、bin目录的含义。
2. 解释什么是JDK和JRE，并说明二者的区别。
3. （　　）可以将HelloWorld.java编译成HelloWorld.class。

   A．java HelloWorld.java　　　　　B．javac HelloWorld.java
   C．java -d . HelloWorld.java　　　 D．javac HelloWorld

4. 若HelloWorld.java保存在package cn.oracle;包结构声明中，则（　　）可以正常运行这个Java程序。

   A．javac cn.oracle.HelloWorld　　　B．java cn/oracle/HelloWorld
   C．java cn.oracle.HelloWorld　　　 D: java HelloWorld

5. （　　）是生成标准文档的命令。

   A．javac　　　B．java　　　C．doc　　　D．javadoc

6. 开发Java程序必须安装（　　）环境。

   A．JRE　　　B．JDK　　　C．PATH　　　D．JAVA_HOME

7. JAVA_HOME一般配置成（　　）。

   A．JDK的安装目录　　　B．JRE的安装目录
   C．当前目录　　　　　 D．C盘的根目录

8. （　　）是Eclipse中Java项目中存放Java源代码的目录。

   A．bin　　　B．src　　　C．jre　　　D．java

第 2 章 Java的基本语法

每种编程语言都有一套自己的语法规则，大多数编程语言的基本语法都是相似的。例如，在Java中定义一个变量用的语法是"int age=10;"，即定义一个整数类型（即int）的变量，变量名称为age，它的值是10；在PL/SQL语句中定义一个相同的变量为"declare age int:=10;"，其中declare为声明变量的语法块，age是变量名，int是数据类型，":="中的冒号是赋值语句。如果学会了一种语言的语法，就很容易掌握另一种语言的语法。

变量是保存数据的地方，一个变量应该拥有它的数据类型，即保存什么类型的数据。一个变量应该有一个名称，以便于引用或使用。一个变量应该用具体的值表示它当前表示的值。变量保存在内存中，当程序退出后，变量及变量所表示的值将会消失。如果希望保存变量的值，就必须使用（学习）持久化技术。

2.1 Java程序的基本格式

Java程序代码必须放在一个类中，初学者可以简单地把一个类理解为一个Java程序。类使用class关键字定义。在class前面可以有类的修饰符。类的定义格式如下：

```
修饰符 class 类名{
    大幅度程序代码
}
```

在编写Java程序时，有以下几点需要注意。

（1）Java程序代码可分为结构定义语句和功能执行语句，其中，结构定义语句用于声明一个类或方法，功能执行语句用于实现具体的功能。每条功能执行语句的最后必须用英文分号";"结束，例如下面的语句：

```
System.out.println("这是第一个 Java 程序!");
```

请注意，一条语句结束必须使用英文的分号";"，如果写成中文的分号"；"，编译器会报告illegal character（非法字符）错误信息。

（2）Java是严格区分大小写的。在定义类时，不能将class写成Class，否则编译器会报错。程序中定义一个名为computer类的同时，还可以定义一个Computer类，computer和Computer是两个完全不同的符号，在使用时务必注意。

（3）在编写Java程序时，为便于阅读，保持界面美观，通常会使用一种良好的格式进行排版。但这不是强制的，在两个单词或符号之间插入空格、制表符、换行符等任意的空白字符，编译器同样可以识别。例如，下面这段代码的编排方式也是可以的，但不提倡：

```
public class HelloWorld {public static void
    main(String[
] args) {System.out.println("这是第一个Java程序！");}}
```

虽然Java没有严格要求用什么样的格式编排程序代码，但是，出于可读性的考虑，程序代码应整齐美观、层次清晰。推荐的编排方式是一行只写一条语句，符号"{"与语句同行，符号"}"独占一行。示例代码如下：

```
public class HelloWorld {
    public static void main(String [ ] args) {
        System.out.println("这是第一个Java程序！");
    }
}
```

（4）Java程序中一个连续的字符串不能分成两行书写。例如，下面这条语句在编译时会出错：

```
System.out.println("这是第一个
Java 程序！");
```

如果字符串确实很长，需要分两行书写，则需将此字符串分成两个字符串，然后使用加号"+"将这两个字符串合并，在加号后面换行。例如，可以将上面的语句修改成如下形式：

```
System.out.println("这是第一个"+
"Java 程序！");
```

（5）注释是在Java代码中起到说明作用的文字，可以帮助代码开发人员快速、准确地理解代码。Java注释只在Java源文件中有效，在编译程序时，编译器会自动忽略这些注释，不会将注释编译到字节码文件中。在Java中，有3种注释类型，如表2-1所示。

表 2-1 Java 中的 3 种注释

注释类型	功　　能
//	两个//（斜线）开始，表示单行注释
/* */	多行注释
/** */	标准的javadoc注释。使用javadoc生成的文档将会使用这些注释生成DOC文档

例如：

```
int a = 10;   //定义一个整型变量

/*  int a = 10;
```

```
    int b = 20; */
/**
 *@author authorname
 *@version 1.0
 */
```

2.2 Java中的关键字

Java中有一些预先定义并赋予了特殊意义的单词,称为关键字,也叫保留字,如class等。Java中的关键字如表2-2所示。

表2-2　Java中的关键字

关　键　字	含　　义
abstract	表明类或者成员方法具有抽象属性
assert	用来进行程序调试
boolean	基本数据类型之一,布尔类型
break	提前跳出一个循环
byte	基本数据类型之一,字节类型
case	在 switch 语句中,表示其中的一个分支
catch	在异常处理中,用来捕捉异常
char	基本数据类型之一,字符类型
class	类声明关键字
const	保留关键字,没有具体含义,在 C 语言中表示常量
continue	回到一个循环语句的开始处
default	默认,例如在 switch 语句中表明一个默认的分支
do	用在 do-while 循环结构中
double	基本数据类型之一,双精度浮点数类型
else	用在条件语句中,表明当条件不成立时的分支
enum	枚举
extends	表明一个类型是另一个类型的子类型,表示继承
final	用来说明最终属性,表明一个类不能派生出子类,或者成员方法不能被覆盖,或者成员域的值不能被改变
finally	用于处理异常情况,用来声明一个肯定会被执行到的语句块
float	基本数据类型之一,单精度浮点数类型
for	一种循环结构的引导词
goto	保留关键字,没有具体含义。在 C 语言中可用,在 Java 语言中没有具体含义
if	条件语句的引导词
implements	表明一个类实现了给定的某个接口
import	表明要访问指定的类或包
instanceof	用来测试一个对象是不是指定类型的实例对象
int	基本数据类型之一,整数类型

（续表）

关　键　字	含　　义
interface	接口声明关键字
long	基本数据类型之一，长整数类型
native	用来声明一个方法是由与计算机相关的语言（如 C/C++）实现的
new	用来创建新实例对象
null	null 值对象，什么也没有的一块内存空间
package	包声明语句
private	私有访问修饰符
protected	保护访问修饰符
public	公开访问修饰符
return	从成员方法中返回数据
short	基本数据类型之一，短整数类型
static	表明具有静态属性
strictfp	用来声明 FP_strict（单精度或双精度浮点数）表达式遵循 IEEE 754 算术规范
super	表明当前对象的父类型的引用或者父类型的构造方法
switch	分支语句结构的引导词
synchronized	同步执行关键字
this	指向当前实例对象的引用
throw	抛出一个异常
throws	声明在当前定义的成员方法中所有需要抛出的异常
transient	声明不用序列化的成员域
try	尝试一个可能抛出异常的程序块
void	声明当前成员方法没有返回值
volatile	表明两个或者多个变量必须同步发生变化
while	用在循环结构中

　　每个关键字都有特殊的作用。例如，关键字package用于声明包，关键字class用于声明类等。所有的关键字都是小写的，我们在自行命名标识符时不能使用关键字。

2.3　Java中的标识符

　　标识符即变量名。声明变量时，每一个变量必须拥有一个名称，而声明名称必须遵循变量声明的规则。在 Java 中，声明变量或标识符的规则如下：

　　（1）标识符由字母、数字、下画线"_"、美元符号"$"或者人民币符号"￥"组成，并且首字母不能是数字。
　　（2）不能把关键字和保留字作为标识符。
　　（3）标识符没有长度限制。
　　（4）标识符对大小写敏感。

建议声明变量的规则：

（1）都使用字符并区分大小写。

（2）使用驼峰式命名，并具有一定的含义。例如，声明一个人的名称，可以声明为"String personName = "Jack";"，其中personName中name的第一个字母大写，即驼峰式命名。同时，通过这个变量名就可以知道它表示某个人的名称。

2.4 Java中的常量

常量就是在程序中固定不变的值，是不能改变的数据。例如，数字1、字符x、浮点数3.2等都是常量。在Java中，常量包括整型常量、浮点数常量、字符和字符串常量、布尔常量等。

1．整型常量

整型常量是整数类型的数据，有二进制、八进制、十进制和十六进制4种表示形式，具体如下：

- 二进制：由数字0和1组成的数字序列。从JDK 7开始，允许使用字面值表示二进制数，前面要以0b或0B开头，目的是和十进制数区分，如0b01101100、0B10110101。
- 八进制：以0开头并且其后由 0~7（包括0和7）的整数组成的数字序列，如0342。
- 十进制：由数字0~9（包括0和9）的整数组成的数字序列，如198。
- 十六进制：以0x或者0X开头并且其后由 0~9、A~F（包括0~9、A~F，字母不区分大小写）组成的数字序列，如0x25AF。

需要注意的是，在程序中为了标明不同的进制，数据都有特定的标识。八进制必须以0开头，如0711、0123；十六进制必须以0x或0X开头，如0xaf3、0Xff；整数以十进制表示时，第一位不能是0，0本身除外。例如，十进制的127，用二进制表示为0b1111111或者0B1111111，用八进制表示为0177，用十六进制表示为0x7F或者0X7F。

2．浮点数常量

浮点数常量就是在数学中用到的小数。Java中的浮点数分为单精度浮点数（float）和双精度浮点数（double）两种类型。其中，单精度浮点数后面以F或f结尾，而双精度浮点数则以D或d结尾。当然，在使用浮点数时也可以在结尾处不加任何后缀，此时JVM默认浮点数为double类型。浮点数常量还可以通过指数形式表示。

浮点数常量具体示例如下：

```
2e3f
3.6d
0f
3.84d
5.022e+23f
```

3．字符常量

字符常量用于表示一个字符，一个字符常量要用一对英文半角格式的单引号('')引起来。字符常量可以是英文字母、数字、标点符号以及由转义序列表示的特殊字符。具体示例如下：

```
'a'
'1'
'8'
'ri'
'\u0000'
```

上面的示例中，'\u0000'表示一个空白字符，即在单引号之间没有任何字符。之所以能这样表示，是因为Java采用的是Unicode字符集，Unicode字符以\u开头，空白字符在Unicode码表中对应的值为'\u0000'。

4．字符串常量

字符串常量用于表示一串连续的字符，一个字符串常量要用一对英文半角格式的双引号("")引起来，具体示例如下：

```
"HelloWorld"
"123"
"Welcome in xxx"
""
```

一个字符串可以包含一个字符或多个字符，也可以不包含任何字符，即长度为0。

5．布尔常量

布尔常量即布尔型的值，用于区分事物的真与假。布尔常量有true和false两个值。

6．null常量

null常量只有一个值null，表示对象的引用为空。

2.5　Java中的变量

2.5.1　变量声明的语法

每一个变量声明语句最后必须以英文分号";"作为人为结束符。

变量声明的语法如表2-3所示。

表2-3　变量声明的语法形式

变量声明		功　　能
数据类型	变量名;	声明变量，没有赋值
数据类型	变量名1，变量名2;	一次声明多个变量，没有赋值
数据类型	变量名=变量值;	声明变量并赋值

以下是声明变量的示例（注意：声明在方法中的变量为局部变量，局部变量必须赋值）。

【文件 2.1】 HelloWorld5.java

```
1.  package cn.oracle;
2.  public class HelloWorld5{
3.      public static void main(String[] args){
4.          String name="mrchi";
5.          int age=35;
6.          double money = 34.5D;
7.          System.out.println("name 变量的值为:"+name);
8.          System.out.println("age 的值为:"+age);
9.          System.out.println("money 的值为:"+money);
10.     }
11. }
```

编译并执行后的结果如下：

```
D:\java>java cn.oracle.HelloWorld3
name变量的值为:mrchi
age的值为:35
money的值为:34.5
```

2.5.2 Java中的数据类型

每一个变量必须拥有特定的数据类型，以表示它能表达的数据。在Java中，数据类型有两大类，即引用类型和基本类型，如图2-1所示。

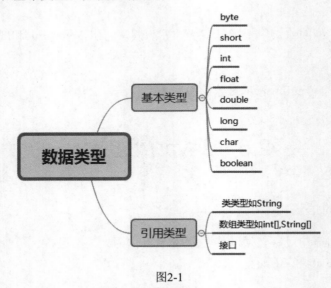

图2-1

以下示例演示声明不同变量的方式。

【文件 2.2】 HelloWorld6.java

```
1.  package cn.oracle;
2.  public class HelloWorld6{
3.      public static void main(String[] args){
```

```
4.        byte _byte = 1;              //声明字节类型
5.        short _short=1;              //声明短整数类型
6.        int _int =1;                 //声明整数类型
7.        float _float = 1.0F;         //声明单精度浮点型,注意后面的F标识
8.        double _double =1.0D;        //声明双精度浮点型
9.        long _long = 1L;             //声明长整数类型
10.       char _char = 'A';            //声明字符型,注意使用单引号
11.       boolean _boolean = false;    //声明布尔类型
12.       String _string = "Mrchi";    //声明字符串
14.       HelloWorld6 _helloWrold = new HelloWorld6();    //声明自定义对象类型
15.    }
16. }
```

每一种数据类型都有它们的取值范围。每种数据类型占用的字节数、取值范围、默认值等如表 2-4 所示。

表 2-4　数据类型及取值范围、默认值等

数据类型	字节	范围	默认值
byte	1	$-128\sim 127$ 或 $-2^7\sim 2^7-1$	0
short	2	$-2^{16}\sim 2^{16}-1$	0
int	4	$-2^{31}\sim 2^{31}-1$	0
float	4	$10^{-38}\sim 10^{38}$ 和 $-10^{-38}\sim -10^{38}$	0F
double	8	$10^{-308}\sim 10^{308}$ 和 $-10^{-308}\sim -10^{308}$	0D
long	8	$-2^{63}\sim 2^{63}-1$	0L
character	2	$0\sim 65535$	'\u0000'
boolean	1	true/false	false

2.5.3　数据类型与默认值

每一种数据类型都有自己的默认值,但只有变量声明为成员变量时才会有默认值。局部变量没有默认值,必须在赋值以后才可以使用。成员变量是指定义在类里面的变量,而不是定义在方法或者代码块中的变量。下面给出一个成员变量的示例。

【文件 2.3】　HelloWorld7.java

```
1. package cn.oracle;
2. public class HelloWorld7{
3.     String name;//成员变量
4.     public static void main(String[] args){
5.     ...
6.     }
7. }
```

以下代码演示变量的默认值。基本类型变量的默认值遵循表 2-4 定义的规则,引用类型的默认值都是 null。

【文件 2.4】　HelloWorld8.java

```
1. package cn.oracle;
2. public class HelloWorld8{
```

```
3.      static byte _byte;
4.      static short _short;
5.      static int _int;
6.      static float _float;
7.      static double _double;
8.      static long _long;
9.      static char _char;
10.     static boolean _boolean;
11.     static String name;
12.     static int[] _ints;
13.     public static void main(String[] args){
14.         System.out.println(_byte);//0
15.         System.out.println(_short);//0
16.         System.out.println(_int);//0
17.         System.out.println(_float);//0
18.         System.out.println(_double);//0
19.         System.out.println(_long);//0
20.         System.out.println(_char);//''
21.         System.out.println(_boolean);//false
22.         System.out.println(name);//null
23.         System.out.println(_ints);//null
24.     }
25. }
```

2.5.4 成员变量与局部变量

正如前面提到的，成员变量是声明到类里面的变量，具有默认值；而局部变量是声明到方法或者代码块中的变量，没有默认值，所以必须赋值以后才可以使用。下面给出一个成员变量和局部变量的声明示例。

【文件 2.5】 DemoMemberVariable.java

```
1.  package cn.oracle;
2.  public class DemoMemberVariable{
3.      private String name="Jack";                    //成员变量
4.      public static void main(String[] args){        //args 也是局部变量
5.          String name = "Alex";                       //局部变量
6.          if(true){
7.              int age = 35;                           //在 if 代码块中的也是局部变量
8.          }
9.      }
10. }
```

在上面的示例中，除第 3 行中的变量为成员变量之外，第 4、5、7 行声明的变量都是局部变量。

2.5.5 在main方法中访问成员变量

main方法拥有一个关键字static，表示静态。在静态方法中，可以直接访问一个静态成员变量，但是访问非静态的成员变量时必须先实例化当前类。在声明成员变量时，使用static修饰符修饰静态变量。用static修饰的成员变量在内存的静态区，只有一个实例。非静态的成员变量也称为实例成员变量，每实例化一份当前类对象，都将会创建一个新的成员变量的实例。

以下示例将演示如何访问一个静态的成员变量。

【文件 2.6】 DemoMemberVariable1.java

```
1.   package cn.oracle;
2.   public class DemoMemberVariable1{
3.       static String name="Jack";           //声明一个静态的成员变量
4.       public static void main(String[] args){
5.           name="Mary";                     //直接访问成员变量修改它的值
6.           //或者使用类名.（点）的形式访问成员变量
7.           DemoMemberVariable1.name="Alex";
8.       }
9.   }
```

以下示例将演示如何访问一个非静态的成员变量。

【文件 2.7】 DemoMemberVariable2.java

```
1.   package cn.oracle;
2.   public class DemoMemberVariable2{
3.       String name="Jack";    //声明一个非静态的成员变量
4.       public static void main(String[] args){
5.           //必须先实例化当前类
6.           DemoMemberVariable2 demo = new DemoMemberVariable2();
7.           //使用 demo 变量来访问 name 成员变量
8.           demo.name="Jerry";
9.       }
10.  }
```

2.6 Java运算符和表达式

运算符是Java基础语法重要的知识模块之一，Java中有不同类型的运算符，如+（加）、-（减）都属于算术运算符。在编程语言中，一般分为一元运算符、二元运算符和三元运算符。一元运算符指只有一个数参与的运算符号，如!（叹号）为取反运算符。二元运算符和三元运算符是指参与运算的操作数分别为两个和三个。运算符又可分为算术运算符、关系运算符、逻辑运算符、位运算符，可以分别实现不同的运算。

2.6.1 Java中的运算符列表

先让我们了解一下 Java 的所有运算符。Java 的运算符分为 4 类：算术运算符、关系运算符、逻辑运算符、位运算符。

- 算术运算符：+（加）、-（减）、*（乘）、/（除）、%（取模）、++（自加）、--（自减）。
- 关系运算符：==（等于）、!=（不等于）、>（大于）、>=（大于或等于）、<（小于）、<=（小于或等于）。
- 逻辑运算符：&&（短路与）、||（短路或）、!（非）、^（异或）、&（与）、|（或）。

- 位运算符：&（与）、|（或）、~（按位取反）、>>（右位移）、<<（左位移）、>>>（无符号位移）。

1. 算术运算符

+（加）运算符可以对数值类型进行操作，相加的结果至少为int类型或较大一方的数据类型。以下是一些加运算的例子。

【文件 2.8】 Operation.java

```
1.  byte a1 = 1;
2.  short a2 = 1;
3.  int a3 = 1;
4.  double a4 = 1D;
5.  //相加的结果为 int 类型，所以将 a1+a2 的结果转成 byte 类型
6.  byte b1 = (byte) (a1 + a2);
7.  //相加的结果为 short 类型，所以将 a1+a2 的结果转成 short 类型
8.  short b2 = (short)(a1 + a2);
9.  //相加的结果为 int 类型，可以直接赋值给 int 类型
10. int b3 = a1 + a2;
11. //相加的结果为 double 类型，所以赋值给 double 类型是可以的
12. double b4 = a1 + a4;
```

-（减）、*（乘）、/（除）的运算与上面的类似，不再赘述。需要说明的是/（除）运算，如果参与的都是 int 或 long 类型，则只会返回整数部分。只有 float 和 double 参与运算时，才会返回小数。

```
1.  int a1 = 10/4;//返回的结果为 2
2.  double a2=10.0D/4;//返回 2.5
```

+（运算）不仅可以进行数值的运算，还可以进行字符串的串联操作，使用+对任意对象进行+操作时，将按优先级将这个对象转成 String。相加的结果也同样为 String 类型。

【文件 2.9】 Operation1.java

```
1.  int a1 = 10;
2.  int a2 = 90;
3.  String str = "Mrchi";
4.  String str1 = a1+a2+str;
5.  String str2 = str+a1+a2;
```

在上面的代码中，第 4 行相加的结果为 100Mrchi。按照运算的优先级，先计算 10+90 的结果（100），再与 Mrchi 进行字符串串联，结果为 100Mrchi。

第5行的结果为Mrchi1090。因为先进行Mrchi与10的串联，成为字符串，再串联a2，结果为Mrchi1090。

采用%取余（取模）运算符，两数计算的结果为余数。

【文件 2.10】 Operation2.java

```
1.  int a = 10%2; //余数为 0，整除
2.  int b = 10%4; //余数为 2，即 10 除以 4 余 2
3.  int c = 10%7; //余数为 3
```

++（自加运算符）分前缀++和后缀++。前缀++是指先加再用；后缀++是指先用当前的数，再进行自加操作。--（自减）同上。以下是示例。

【文件 2.11】 Operation3.java

```
1.  int a = 1;
2.  int b = a++;
3.  //先将 a 的值赋给 b，所以 b 的值为 1，然后 a 做自加运算，所以 a 的值为 2
4.  int c = 1;
5.  int d = ++c;
6.  //先对 c 做自加运算，此时 c 的值为 2，再将 c 的值赋给 d，所以 d 的值为 2
```

需要说明的是，++、--操作不会修改数据的类型。例如，以下两种代码所获取的结果不同：

```
1.  byte a = 1;
2.  a++;  //++不修改数据类型
3.  a=(byte)(a+1); //a+1 的结果为 int 类型,因为 1 默认是 int 类型,所以必须强制将类型转换回 byte
```

2．关系运算符

关系运算符用于比较两个数值的大小，比较结果为 boolean 值。>=、<=、>、<可以直接比较两个数值，==和!=不仅可以比较数值，还可以比较任意对象的内存地址。

示例程序如下。

【文件 2.12】 Operation4.java

```
1.  int a = 1;
2.  int b = 1;
3.  Integer c = new Integer(1);
4.  String str1 = "Jack";
5.  String str2 = new String("Jack");
6.  boolean b1 = a == b;
7.  boolean b2 = a == c;
8.  boolean b3 = str1 == str2;
```

第 6 行直接比较两个数值的结果为 true。第 7 行，虽然 c 是对象类型，但是在 JDK 1.5 以后，会自动将 c 拆成 int 类型，所以也是直接比较两个值，结果为 true。第 8 行为比较两个对象类型的内存是否一样，由于 str2 是一个新内存对象的声明，因此第 8 行的结果为 false。

3．逻辑运算符

&（与）和 |（或）既可以进行逻辑运算，也可以进行位运算。当&（与）两边运算表达式的值都为 true 时，结果为 true；两边只要有一方为 false，则结果为 false。|（或）两边表达式的值只要有一个为 true，则结果为 true；只有两边都为 false 时，结果才为 false。值得注意的是，&和|两边的表达式无论如何都会参与运算。

请见以下表达式：

```
1.  boolean boo1 = true & false; //false
2.  boolean boo2 = true & true; //true;
3.  boolean boo3 = false | true; //true
```

两边都为运算表达式时，表达式两边都会参与运算：

```
1.  boolean boo1 = (1==2) & (1==1); //false
```

&&（短路与）、||（短路或）的两边只能是 boolean 表达式。使用&&时，如果&&左边的表达式已经为 false，则无论右边为 true 还是 false，结果都是 false，此时右边的表达式将不再参与运算，所以叫作短路与运算。同样的，对于||（短路或），如果左边已经是 true，那么无论右边是 true 还是 false 都将为 true，此时右边不再参与运算，所以叫短路或。

在进行比较时，虽然使用&&和||可以省去不必要的运算，但是也会带来一些问题，例如以下代码将不会抛出异常。

【文件 2.13】 Operation5.java

```
1.  String str = null;
2.  boolean boo = false && str.length()==3;
3.  System.err.println(boo);
```

在上面的第 2 行中，str 为 null 值，如果直接调用 str.length()获取长度，则会抛出一个 NullPointerException 异常，但是&&左边已经是 false，右边不会参与运算，所以不会抛出异常。如果将&&修改为&，将会抛出 NullPointerException 异常，因为&两边都会参与运算，此时 str 的值为 null：

```
1.  String str1 = null;
2.  boolean boo1 = false & str.length()==3;
3.  System.err.println(boo1);
```

使用^（异域运算符）时，两个表达式的值不一样时结果才是 true，即：

```
1.  boolean boo1 = false ^ true;//true
2.  boolean boo2 = false ^ false;//false
```

!（非运算符号）为取反操作，如!true 的结果为 false，!false 的结果为 true。

4．位运算符

位运算符包含的符号有&（与）、|（或）、~（按位取反）、>>（右位移）、<<（左位移）、>>>（无符号位移），是对二进制数据进行运算，即运算的对象为0和1。

&（与）运算符的两边都为1时结果为1，示例如下：

【文件 2.14】 Operation6.java

```
1.  //声明一个二进制的 15，使用 0b 声明一个二进制数
2.  int a = 0b00000000_00000000_00000000_00001111;
3.  //声明一个二进制的 1
4.  int b = 0b00000000_00000000_00000000_00000001;
5.  //a&b，则 c 的结果为 1
6.  int c = a & b;
```

在上例中，c 的结果为 1，运算过程如图 2-2 所示。

进行|（或）运算时，只要表达式的两边有一个为1，结果就是1。

【文件 2.15】 Operation7.java

```
1.  //声明一个二进制的 15，使用 0b 声明一个二进制数
2.  int a = 0b00000000_00000000_00000000_00001111;
3.  //声明一个二进制的 1
```

```
4.  int b = 0b00000000_00000000_00000000_00000001;
5.  //a|b,则c的结果为15
6.  int c = a | b;
```

在上例中，c 的结果为 15，运算过程如图 2-3 所示。

```
  00000000_00000000_00000000_00001111              00000000_00000000_00000000_00001111
& 00000000_00000000_00000000_00000001            | 00000000_00000000_00000000_00000001
---------------------------------------------    ---------------------------------------------
  00000000_00000000_00000000_00000001              00000000_00000000_00000000_00001111
```

图2-2   图2-3

~是按位取反运算符号，若是1，则转换成0，若是0，则转换成1。

【文件 2.16】 Operation8.java

```
1.  //声明一个二进制的15,使用0b声明一个二进制数
2.  int a = 0b00000000_00000000_00000000_00001111;
3.  int b = ~a;
4.  System.err.println(b); //-16
5.  //11111111111111111111111111110000
6.  System.err.println(Integer.toBinaryString(b));
```

在上例中，第 4 行的输出为-16。a 的首位是 0，按位取反以后为 1，对于二进制来说，首位为 1 时为负数，所以 b 的值为负数。

在第 6 行中，通过 Integer 包装类型的静态方法将 b 转成二进制的结果为 11111111111111111111111111110000，正是a值按位取反以后的结果。

>>（右位移）和<<（左位移）运算是将二进制数据向右或左进行位移，移出去的数据将在前面或者后面补 0。

```
1.  int a = 0b00000000_00000000_00000000_00001111;
2.  int b = a >> 2; //结果为3
```

上面的向右位移运算过程如图 2-4 所示。

```
     00000000_00000000_00000000_00001111
>> 2
     0000000000_00000000_00000000_00001111
```

图2-4

向右位移两位以后，移出两个1，前面补两个0，所以最后的二进制结果为 00000000_00000000_00000000_00000011，这个二进制数据的结果为3。

左位移运算同理，只是后面补0，不再赘述。

>>>为无符号位移运算符，对于>>右位移运算，如果为负数，则前面补1，即依然是负数。>> 右位移运算的示例如下。

【文件 2.17】 Operation9.java

```
1.  int a = 0b10000000_00000000_00000000_00000000;
2.  int b = a >> 2;
```

```
3.   String bin = "00000000000000000000000000000000" + Integer.toBinaryString(b);
4.   bin = bin.substring(bin.length() - 32);
5.   System.err.println(b + "," + bin);
```

在上面的代码中，a 变量的二进制形式是以 1 开始的，所以为负数，使用>>右移两位，即后面去除两个 0，则是有符号位移，所以前面补 1，结果为-536870912，即11100000000000000000000000000000，依然为负数。如果使用>>>无符号位移，即将第 2 行的代码修改成"int b =a>>>2;"，结果为 536870912，即 00100000000000000000000000000000，也就是前面补 0，结果为正数。对于无符号位移，无论是正数还是负数，前面都补 0，有符号位移则会根据情况在前面补 0 或补 1。

2.6.2 进制之间的转换

Java 中的进制为二进制。二进制的声明以 0b 开始，后面带有 0 和 1。八进制以 0 开始，最大数为 7。十六进制的数以 0x 开始。

十进制的数字 15，分别用二进制、八进制、十进制和十六进制表示，具体如下：

- int a1 = 0b1111。
- int a2 = 017。
- int a3 = 15。
- int a4 = 0xf。

将任意一个十进制数转成对应的进制，就是取余的过程，如将十进制数字 38 转成二进制，过程如图 2-5 所示。经过上面的运算结果，将余数从下向上串联，则十进制数字 38 的二进制为 100110（前面的若干 0 省略）。其他进制的运算类似，这里不再赘述。

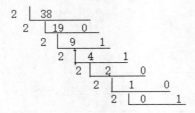

图 2-5

值得说明的是，计算一个负数的二进制，先计算出它的正数的二进制反码，然后算补码，补码就是在最后添加 1。例如，十进制数字 38 的二进制为 100110，则-38 的二进制为~38+1。计算过程如表 2-5 所示。

表 2-5 一个负数的二进制计算过程

十 进 制	二 进 制
38	00000000_00000000_00000000_00100110
取 38 的反码	11111111_11111111_11111111_11011001
加上补码 1	11111111_11111111_11111111_11011010
-38 的二进制	11111111_11111111_11111111_11011010

2.6.3 基本类型及其包装类型

每一个基本类型都有一个与之对应的包装类型,也叫作类类型。包装类型是工具类,表示对象。基本类型和包装类型的对应关系如表2-6所示。

表 2-6 基本类型及其包装类型

基本类型	包装类型
byte	java.lang.Byte
short	java.lang.Short
int	java.lang.Integer
long	java.lang.Long
float	java.lang.Float
double	java.lang.Double
boolean	java.lang.Boolean
char	java.lang.Character

下面以 Integer 为例讲解包装类型的功能。包装类型有很多静态方法,可以直接调用这些静态方法实现某些功能。

1. 将字符串转成int或者Integer类型

【文件 2.18】 Operation10.java

```
1.   String str = "38";
2.   int a = Integer.parseInt(str);
3.   Integer b = Integer.valueOf(str);
```

2. 获取最大值或最小值

```
1.   int max = Integer.MAX_VALUE;
2.   int min = Integer.MIN_VALUE;
```

3. 常用的进制转换

```
1.   //转成二进制字符串
2.   String str1 = Integer.toBinaryString(38);
3.   //转成八进制字符串
4.   String str2 = Integer.toOctalString(38);
5.   //转成十六进制字符串
6.   String str3 = Integer.toHexString(38);
```

2.6.4 equals方法

equals用于比较两个对象里面的内容是否一致,==用于比较两个对象的内存地址是否一致。

【文件 2.19】 Operation11.java

```
1.   String str1 = "Jack";
2.   String str2 = "Jack";
```

```
3.    String str3 = new String("Jack");
4.    boolean boo1 = str1==str2; //true
5.    boolean boo2 = str1==str3;//false
6.    boolean boo3 = str1.equals(str3); //true
```

代码中的"Jack"为直接数。第 1~2 行直接赋值为 Jack 直接数，所以 str1==str2 或者 str1.equals(str2)的结果都是 true。str3 使用 new 关键字重新分配了一个新的对象，所以 str1==str3 为比较内存地址，结果为 false；但是两者的内容一样，所以 str1.equals(str3)的结果为 true。

建议在比较对象类型特别是String时使用equals方法，而不是使用==。

2.7　Java修饰符和包结构

面向对象的编程思想就是利用对象之间的相互作用完成系统功能，但对象间相互访问的过程中必然涉及访问安全问题，这是本章将要讨论的修饰符的范畴。package即包关键字，本质就是将类放到不同的目录或者文件夹下，以便于进行统一的管理。在Java中有很多包，它们不但对类进行统一的管理，还起到说明的作用，比如java.util.*包中的所有类都是工具类，java.net.*中的类都是与网络访问相关的类等。

在Java中有一个特殊的包java.lang，这个包中的所有类都会被默认导入所有Java类。例如，String、Integer、Double、System这些类都是在这个包下，这就是在我们之前开发的类中可以直接使用String等类的原因。

2.7.1　Java包结构

package关键字是包声明语句。一个类如果存在package关键字，则这个关键字必须在类的第一句，注释除外。包声明的语法以package开始，以;(分号)结束，比如"package cn.oracle;"，cn为第一层包，oracle为第二层包，即cn.oracle为完整的包名。在声明包名时，一般为公司倒置的网站名称。例如，某个公司的网站为http://www.abc.com，则这个公司声明包应该为"package com.abc;"。

如果一个类拥有包名，正像前面所讲到的那样，在使用javac编译时，应该添加-d参数，同时编译出包的目录结构。以下是一个带有包的类。

【文件 2.20】　　Hello.java

```
1.  package com.oracle;
2.  public class Hello{
3.     public static void main(String[] args){
4.        System.out.println("Hello");
5.     }
6.  }
```

现在使用 javac -d . Hello.java 的方式来编译上面的源代码：

```
1.   D:\java>javac -d . Hello.java
```

在编译好的目录下，可看到同时编译的以包命名的目录，如图 2-6 所示。

现在使用 java 命令运行已经编译好的类，此时应该使用 "java 完整包名.类名" 执行。

```
1. D:\java>java com.oracle.Hello
2. Hello
```

建议在声明类时至少应该有两层包。第一层表示国家或者组织，第二层表示公司名称。还可以加上第三层，表示模块或者功能。

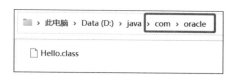

图2-6

在Eclipse中可以独立地创建一个包，如图2-7所示。

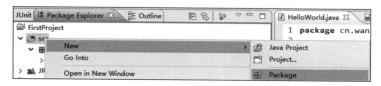

图2-7

也可以在创建类时直接指定包名，如图2-8所示。

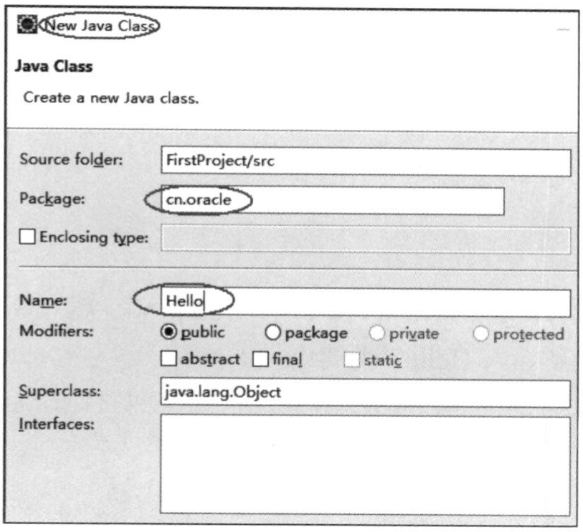

图2-8

2.7.2 导入包

import关键字用于导入另一个类或者导入一个包下的所有类。import关键字必须声明在package关键字与class类声明之间，且可以多次使用import导入不同的类。

如果两个类在同一个包下，则不用import导入即可使用。

第一个类，代码如下。

【文件 2.21】 Hello1.java

```
1. package cn.one;
2. public class Hello1{
3. }
```

第二个类，代码如下。

【文件 2.22】　World.java

```
1.  package cn.one;
2.  public class World{
3.      Hello1 hello1 = new Hello1();
4.  }
```

在上例的代码中，由于 Hello1 类与 World 类在同一个包下，因此在 World.java 的第 3 行中可以直接使用 Hello1 类。

如果两个类在不同的包下，则必须使用 import 关键字导入才可以使用。

第一个类，代码如下。

【文件 2.23】　Hello2.java

```
1.  package cn.one.a;
2.  public class Hello2{
3.  }
```

第二个类，代码如下。

【文件 2.24】　World1.java

```
1.  package cn.one.b;
2.  import cn.one.a.Hello2;
3.  public class World1{
4.      Hello2 hello2;
5.  }
```

在上面的代码中，由于 Hello2 类与 World1 类不在同一个包下，因此当 World1 在使用 Hello2 类时必须导入。第 2 行就是导入 Hello2 类的语句。

可以使用*（星号）导入某个包下的所有类，但并不包含这个包下子包中的类。

第一个类，代码如下。

【文件 2.25】　First.java

```
1.  package cn.one;
2.  public class First{
3.  }
```

第二个类，代码如下。

【文件 2.26】　Second.java

```
1.  package cn.one;
2.  public class Second{
3.  }
```

第三个类，代码如下。

【文件 2.27】　Third.java

```
1.  package cn.one.a;
```

```
2.     public class Third{
3.     }
```

第四个类要使用 First 和 Second 类，可以使用*导入 one 包下的所有类，但并不包含 one 下子包 a 中的类。

【文件 2.28】 Fourth.java

```
1.  public cn.second;
2.  import cn.one.*;
3.  public class Fourth{
4.      First first;
5.      Second second;
6.      //Third third;
7.  }
```

在上面的代码中，第 2 行直接导入了 cn.one.*，即 cn.one 包下的所有类，所以可以在第 4~5 行直接使用 First 和 Second 类，但是 Third 类并没有导入，因此，如果第 6 行去掉注释语句，则会编译报错。建议使用哪一个类，就导入哪一个类。即将上面的代码修改如下。

【文件 2.29】 Fourth2.java

```
1.  public cn.second;
2.  import cn.one.First;
3.  import cn.one.Second;
4.  public class Fourth2{
5.      First first;
6.      Second second;
7.      //Third third;
8.  }
```

第 2~3 行并没有使用*，而是指定导入的具体类。

在Java中有一个java.lang包，用于保存经常被使用的类。这个包也是被导入所有类中的。例如以下代码，由于已经默认导入了java.lang.*，因此没有必要再做import java.lang.*。

【文件 2.30】 One.java

```
1.  import java.lang.*;
2.  public class One{
3.  }
```

正是因为java.lang 包是默认导入的，所以像 String、Integer 这样的类可以在项目中直接使用，这些类都在 java.lang 包下。以下是 java.lang 包下的部分类，读者可以通过查看 API 的方式获取这个包下的所有类，具体类的列表如图 2-9 所示。

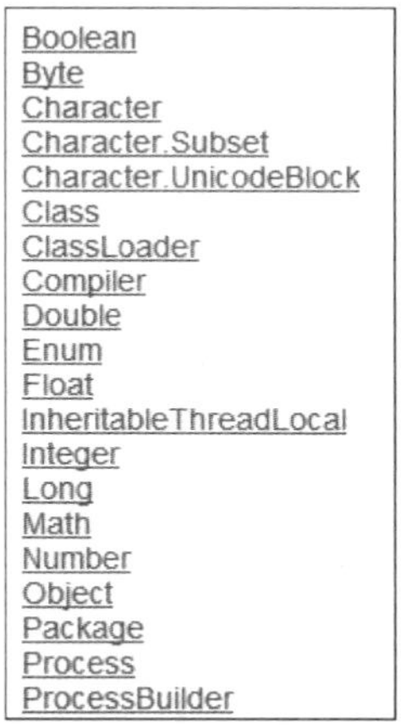

```
Boolean
Byte
Character
Character.Subset
Character.UnicodeBlock
Class
ClassLoader
Compiler
Double
Enum
Float
InheritableThreadLocal
Integer
Long
Math
Number
Object
Package
Process
ProcessBuilder
```

图2-9

2.7.3 访问修饰符

权限修饰符号按权限范围从小到大分别为private、默认、protected和public。本节会涉及一些方法的调用，但不会太过复杂，所以不必担心。private声明的成员变量或者方法，只能当前类自己访问。public声明的成员变量或者方法，所有其他类都可以访问。这4个修饰符的功能如表2-7所示。

表2-7 4个修饰符的功能

权限修饰符	当前类	同包中的类	不同包中的类	当前包中的子类	不同包中的子类
private	√	×	×	×	×
默认	√	√	×	√	×
protected	√	√	×	√	√
public	√	√	√	√	√

包的功能如下：

（1）通过将相同名的类放到不同的包中加以区分。
（2）进行基本的权限控制。
（3）描述功能及模块。

需要注意的是，public 和默认修饰符可以用于修饰顶层类（直接声明到文件中的类）。内部类（声明到其他类内部的类）可以被所有权限符号修饰。如下声明是错误的，因为使用 private 权限修饰符修饰了一个顶层类：

```
1.    private class Hello{
2.    }
```

现在让我们通过代码来展示这些权限修饰符的可访问性。下面先从private开始。

1. private修饰符

private关键字表示私有的，可以修饰成员变量和成员方法，不能修饰局部变量。被private修饰的成员变量或成员方法只有当前类可以访问，其他类都不能访问另一个类的私有信息。以下代码访问的都是自己的私有成员信息。

【文件 2.31】 PrivateDemo.java

```
1.    package cn.oracle;
2.    public class PrivateDemo{
3.        private String name="Jack";    //声明成员变量
4.        private void say(){             //声明一个成员方法
5.        }
6.        public static void main(String[] args){
7.            //在main方法中调用上述的两个成员变量
8.            PrivateDemo demo = new PrivateDemo();
9.            System.out.println("name is:"+demo.name);
10.           demo.say();
11.       }
12.   }
```

在上面的代码中，第 3 行声明了一个实例成员变量，第 4 行声明了一个实例成员方法。这两个方法都不是静态的。在 Java 中，如果要从静态的方法中调用非静态的方法，就必须先实例化当前类，所以在第 8 行必须先声明 PrivateDemo 类的实例对象，即使用 new 关键字声明

PrivateDemo 类的实例。最重要的是，无论是 public、protected、默认还是 private，当前类都是可以调用的。

用private声明的成员方法或成员变量，其他类不能调用，如以下代码所示。

【文件 2.32】 PrivteDemo1.java

```
1.  package cn.oracle;
2.  public class PrivteDemo1{
3.      private String name="Jack";
4.      private void say(){
5.      }
6.  }
```

【文件 2.33】 InvokeDemo.java

```
1.  package cn.oracle;
2.  public class InvokeDemo{
3.      public static void main(String[] args){
4.          PrivateDemo demo = new PrivateDemo();
5.          String str = demo.name;
6.          demo.say();
7.      }
8.  }
```

在上面的代码中，第 4 行首先实例化了 PrivateDemo 类对象。然后在第 5~6 行访问私有的成员变量和成员方法。PrivateDemo 中只有私有的成员变量和方法，第 5~6 行编译会出错，因为在 InvokeDemo 类中不能访问其他类的私有成员变量和成员方法。

2．默认修饰符

默认修饰符也可以叫作friendly（友好的），但是friendly并不是关键字。当一个方法或者成员变量没有使用任何权限修饰符时,默认的权限修饰符将会起作用。默认修饰符可以修饰类、成员方法和成员变量，表示同包中的类可以访问，同包中的子类也可以继承父类被默认修饰符修饰的成员或者方法。

下面展示在相同包下和在不同包下默认修饰符的访问能力。

第一个类，代码如下。

【文件 2.34】 DefaultDemo.java

```
1.  package cn.oracle;
2.  public class DefaultDemo{
3.      String name="Jack";
4.      void someMethod(){
5.          //TODO:SomeCode
6.      }
7.  }
```

第二个类与 DefaultDemo 类在相同的包中，代码如下。

【文件 2.35】　Demo01.java

```
1.  package cn.oracle;
2.  public class Demo01{
3.      public static void main(String[] args){
4.          DefaultDemo demo = new DefaultDemo();
5.          demo.name="Alex";
6.          demo.someMethod();
7.      }
8.  }
```

在上面的代码中，由于 class Demo01 与 DefaultDemo 在相同的包中，因此在 Demo01 中可以访问 DefaultDemo 中的成员变量和成员方法，即第 5～6 行编译通过。

第三个类与DefaultDemo类在不同的包中，代码如下。

【文件 2.36】　Demo02.java

```
1.  package cn.otherpackage;
2.  import cn.oracle.DefaultDemo;
3.  public class Demo02{
4.      public static void main(String[] args){
5.          DefaultDemo demo = new DefaultDemo();
6.          demo.name="Jerry";        //编译出错
7.          demo.someMethod();        //编译出错
8.      }
9.  }
```

在上面的代码中，由于 Demo02 与 DefaultDemo 不在同一个包中，因此第 5～6 行编译出错。因为在不同的包中不能访问另一个包的默认修饰符的成员信息。

第四个类与DefaultDemo类在相同的包下，通过继承访问DefaultDemo中的成员信息，并且继承将会在后面的章节中具体讲到。继承关键字为extends，通过extends可以让当前类变成另一个类的子类。

【文件 2.37】　Demo03.java

```
1.  package cn.oracle;
2.  public class Demo03 extends DefaultDemo{
3.      public void otherMethod(){
4.          name="Jim";
5.          someMethod();
6.      }
7.      public static void main(String[] args){
8.          Demo03 demo = new Demo03();
9.          demo.otherMethod();
10.     }
11. }
```

在同一个包中，一个类可以通过 extends 关键字继承另一个类默认的、protected 和 public 的成员方法和成员变量。所以，第 8 行和第 9 行的编译和运行都能通过。

3. protected修饰符

protected修饰符用于修饰成员方法和成员变量，主要用于描述被修饰的对象可以被同包中的类访问和子类继承。protected也用于描述继承关系，所以如果读者在Java API中发现一些方法被protected修饰，语义上这个方法主要用于让子类继承或者重写（后面会讲到重写的概念）。

以下代码展示在不同的包中，通过继承访问另一个类受保护的成员信息。

【文件2.38】 ProtectedDemo.java

```
1.   package cn.oracle;
2.   public class ProtectedDemo{
3.       protected String name = "Jack";
4.       protected void someMethod(){
5.       }
6.   }
```

以下声明一个不同包中的类，然后通过继承获取受保护的成员变量和成员方法的访问能力。

【文件2.39】 Demo04.java

```
1.   package cn.otherpackage;
2.   public class Demo04 extends ProtectedDemo{
3.       public void otherMethod(){
4.           name = "Alex";
5.           someMethod();
6.       }
7.   }
```

上例的代码通过extends继承了ProtectedDemo。所以，在子类中可以直接访问父类中被保护的成员信息，即第4～5行的代码。

4. public修饰符

public修饰符表示公开、公有的。public修饰符可以修饰类、成员方法、成员变量，被public修饰的类叫公共类，可以被其他任意类声明。被public修饰的成员方法和成员变量，其他类都可以调用。

关于public的使用，在此不再赘述。

5. 总结

权限修饰符用于修饰方法、成员是否可以被访问。值得说明的是，权限修饰符不能修饰局部变量。

用private修饰的方法或者成员变量只能被当前类访问。一般在企业的开发中不会直接暴露成员变量，所以成员变量一般都是用private修饰的。成员方法是为了让其他对象调用的，所以一般成员方法都用public修饰。

protected修饰符主要用于修饰成员变量和成员方法，语义上表示让子类继承。

public修饰符修饰的方法或成员是为了让所有其他对象访问。

在使用某一个修饰符时，要了解如何使用成员方法或者成员变量，然后添加不同的修饰符。

2.8 实训2：文件创建和数据类型转换

1. 需求说明

在商超购物管理系统实现过程中，程序需要进行读取用户从键盘输入的信息、保存信息到文件、读取已存信息等数据处理工作。

2. 训练要点

创建文件，数据转换类型后写入文件。

3. 实现思路

（1）首先分别创建文件用来保存售货员名字cname、售货员密码password、商品名称gname、商品价格price、商品数量count和出售商品数量out。

（2）将其他类型的数据，如商品数量为int型，转换成字符型进行保存。

4. 解决方案及关键代码

（1）使用File类创建一个对象，File类可以提供文件或文件目录的创建、删除、重命名、修改时间、文件大小等方法。

（2）BufferedWriter将文本写入字符输出流，缓冲字符，以便高效写入单个字符、数组以及字符串。

（3）StringBuilder是一个可变的字符序列，当在一个循环中将许多字符串连接在一起时，使用StringBuilder类可以提升性能。

```java
//创建文件
static void createArrays() {

    BufferedWriter bw = null;
    try {
        File file = new File("E:\\shop\\out.txt"); //出售商品数量
        if (!file.exists()) {
            bw = new BufferedWriter(new FileWriter("E:\\shop\\out.txt"));
            String content = intToString(out);
            bw.write(content);
            bw.close();
        }

        File file1 = new File("E:\\shop\\cname.txt"); //售货员名字
        if (!file1.exists()) {
            bw = new BufferedWriter(new FileWriter("E:\\shop\\cname.txt"));
            String content1 = strToString(cname);
            bw.write(content1);
            bw.close();
        }
```

```java
            File file2 = new File("E:\\shop\\gname.txt"); //商品名称
            if (!file2.exists()) {

                bw = new BufferedWriter(new FileWriter("E:\\shop\\gname.txt"));
                String content2 = strToString(gname);
                bw.write(content2);
                bw.close();
            }

            File file3 = new File("E:\\shop\\price.txt"); //商品价格
            if (!file3.exists()) {

                bw = new BufferedWriter(new FileWriter("E:\\shop\\price.txt"));
                String content3 = douToString(price);
                bw.write(content3);
                bw.close();
            }

            File file4 = new File("E:\\shop\\count.txt"); //商品数量
            if (!file4.exists()) {

                bw = new BufferedWriter(new FileWriter("E:\\shop\\count.txt"));
                String content4 = intToString(count);
                bw.write(content4);
                bw.close();
            }

            File file5 = new File("E:\\shop\\password.txt"); //售货员密码
            if (!file5.exists()) {

                bw = new BufferedWriter(new FileWriter("E:\\shop\\password.txt"));
                String content5 = strToString(password);
                bw.write(content5);
                bw.close();
            }

        } catch (IOException e) {
            e.printStackTrace();
        }

    }

    //将int数组转化成字符型
    static String intToString(int[] ary) {
        StringBuilder sb = new StringBuilder();
        for (int i = 0; i < ary.length; i++) {
            sb.append(ary[i]).append(",");
        }
        //删除最后一个字符","
        sb.deleteCharAt(sb.length() - 1);
        return sb.toString();
    }

    //将String数组转化成字符型
    static String strToString(String[] ary) {
        StringBuilder sb = new StringBuilder();
```

```java
        for (int i = 0; i < ary.length; i++) {
            sb.append(ary[i]).append(",");
        }
        //删除最后一个字符","
        sb.deleteCharAt(sb.length() - 1);
        return sb.toString();
    }

    //将 double 数组转化成字符型
    static String douToString(double[] ary) {
        StringBuilder sb = new StringBuilder();
        for (int i = 0; i < ary.length; i++) {
            sb.append(ary[i]).append(",");
        }
        //删除最后一个字符","
        sb.deleteCharAt(sb.length() - 1);
        return sb.toString();
    }

    //将字符型转化成 int 数组
    static int[] strToInt(String str) {

        String[] strAry = str.split(",");
        int[] ary = new int[strAry.length];
        for (int i = 0; i < strAry.length; i++) {
            ary[i] = Integer.parseInt(strAry[i]);
        }
        //返回数组
        return ary;
    }

    //将字符型转化成 String 数组
    static String[] strToString(String str) {

        String[] strAry = str.split(",");
        String[] ary = new String[strAry.length];
        for (int i = 0; i < strAry.length; i++) {
            ary[i] = strAry[i];
        }
        //返回数组
        return ary;
    }

    //将字符型转化成 double 数组
    static double[] strToDouble(String str) {

        String[] strAry = str.split(",");
        double[] ary = new double[strAry.length];
        for (int i = 0; i < strAry.length; i++) {
            ary[i] = Double.parseDouble(strAry[i]);
        }
        //返回数组
        return ary;
    }
```

2.9　本章总结

本章主要学习了Java的基本语法，包括Java程序的基本格式、关键字、标识符、常量、变量，以及Java中的运算符和表达式，同时还学习了Java的修饰符和包结构。

2.10　课后练习

1. 简要说明Java中的基本数据类型各占用几字节。
2. 简述&和&&运算符的区别。
3. （　　）是有效的标识符。

    A．THIS　　　　　　　　　　B．3name
    C．_3name　　　　　　　　　D．my Name（中间有空格）

4. int的取值范围为（　　）。

    A．-2^{32}~$2^{32}-1$　　　　　　B．-2^{31}~$2^{31}-1$
    C．$-2G$~$2G-1$字节　　　　　D．-128~127

5. （　　）是正确的boolean值的赋值方式。

    A．boolean boo = true;　　　　B．boolean boo = null;
    C．boolean boo= 0;　　　　　　D．boolean boo = -1;

6. 以下程序的输出结果为（　　）。

```
int a = 9;
int b = 10;
String str ="Mrchi";
String str2 = a+b+str;
```

　　A．910Mrchi　　B．19Mrchi　　C．异常　　D．没有结果

7. （　　）表示八进制的8。

　　A．8　　　　B．010　　　　C．0x8　　　　D．0b1000

8. 优先使用（　　）导入java.util.HashMap类。

    A．import java.util.*;　　　　　B．import java.util.HashMap;
    C．import java.*;　　　　　　　D．import HashMap;

9. 对于以下两段代码，（　　）是正确的。

```
1.    package cn.onepackage;
2.    public class One{
3.        String name="Jack";
4.        protected String addr="中国";
5.    }
```

```
1.    package cn.twopackage;
2.    public class Two extends One{
3.        public void someMethod(){
4.            System.out.println(name);
5.            System.out.println(addr);
6.        }
7.    }
```

　　A．类Two可以编译通过
　　B．类Two编译出错，因为第4行不能访问父类默认修饰的成员变量
　　C．类Two编译出错，因为第5行不能访问父类protected的成员变量

10. 在Java代码中，被默认导入的包是（　　）。

　　A．Java.util　　　　B．java.net　　　　C．java.lang　　　　D．java.sql

11. （　　）的结果为false。

```
String str1 = "Jack";
String str2 = "Jack";
String str3 = new String("Jack");
```

　　A．str1==str2　　B．str1==str3　　C．str1.equals(str3)　　D．str2.equals(str3);

第 3 章 Java程序流程控制

生活中大部分场景都有顺序，比如出门乘车、上班、下班、乘车回家，这些场景是按顺序进行的。程序执行也是按照从上到下的顺序依次运行的，程序设计需要由流程控制语句来完成用户的要求，根据用户的输入决定程序要进入什么流程，即"做什么"以及"怎么做"等。

在Java程序中，JVM默认总是顺序执行以分号结束的语句。在实际的代码中，程序经常需要做条件判断、循环，因此需要有多种流程控制语句来实现程序的跳转和循环等功能。程序的执行需要一些判断、循环或跳转，这些在程序中，控制程序执行不同的代码块的关键字叫作控制语句，如分支控制语句if、循环控制语句for和退出程序语句break等。控制语句可以根据用户的业务逻辑执行不同的业务代码。

控制语句分为分支语句（if-else、switch-case）、循环控制语句（do-while、while、for）、退出和继续下一次的语句（break、continue等）。

3.1 Java分支结构

分支语句包括if和switch语句。分支语句为程序提供两种或多种不同的执行路径，但是一次只能执行一个分支，如图3-1所示。

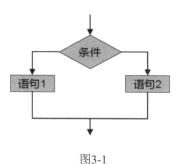

图3-1

3.1.1 单分支语句

if语句的语法为if、if-else或if…else if-else。其中，if只能拥有一个，else if可以拥有0~N个，else可以拥有0~1个。

以下是一个if分支语句的示例。

【文件 3.1】　　Statement.java

```
1.   int age = 90;
2.   if(age>=90){
3.       System.err.println("年龄大于或等于90");
4.   }else if(age>=80){
5.       System.err.println("年龄大于或等于80");
6.   }else if(age>=60){
7.       System.err.println("年龄大于或等于60");
8.   }else{
9.       System.err.println("年龄小于60");
10.  }
```

在if分支中，无论有多少个分支语句，只要进入某一个分支，其他分支将不再进行判断。所以，在使用if分支语句时，应该将更加严格的条件声明到前面。例如，在上面的代码中就将90这个判断声明到了前面。

3.1.2 switch语句

switch分支语句的语法如下：

```
switch(变量){
case 常量1:
    //TODO 业务代码
    break;
case 常量2:
    //TODO 业务代码
    break;
default
    //TODO 业务代码
    break;
}
```

变量的可选值为String（JDK 1.7以后）、int及int兼容类型或枚举。case可以有多个，case后面的值必须是常量。每一个case后面都应该用break来停止这个分支，否则将会继续向后执行，直至遇到break为止。

以下是一个switch的示例。

【文件 3.2】　　Statement1.java

```
1.   String name = "Jack";
2.   switch (name) {
3.   case "Jack":
4.       //TODO
5.       break;
```

```
6.   case "Mary":
7.       //TODO
8.       break;
9.   case "Alex":
10.      //TODO
11.      break;
12.  default:
13.      break;
14.  }
```

由于 name 的值为 Jack，因此将会执行第 3 行的 case 语句，且遇到第 5 行的 break 后退出 switch 语句。

3.2　Java循环结构

生活中有很多循环的例子，比如一页一页印刷图书、绕着操场一圈一圈跑步。循环语句将根据指定的条件多次执行同一段代码（比如N次）。循环语句可以声明迭代变量，用于控制循环的次数。

3.2.1　while循环

while 循环的语法如下：

```
while(条件){
    //如果条件成立，则执行的代码
}
```

while 循环在每次循环开始前先判断条件是否成立。如果计算结果为 true，就把循环体内的语句执行一遍；如果计算结果为 false，就直接跳到 while 循环的末尾，继续往下执行。

下面使用while循环计算1到100的和，从1到100可以声明一个迭代变量。

【文件 3.3】　Statement2.java

```
1.   int sum = 0;        //定义一个变量，用于计算最终的和
2.   int i = 1;          //定义一个迭代变量
3.   while (i <= 100) {
4.       sum += i;
5.       i++;            //实现迭代变量的递增
6.   }
7.   System.err.println("sum:" + sum);//5050
```

while 循环语句的特点是：如果第 3 行处的条件不成立，则一次循环都不执行。

3.2.2　do-while循环

do-while循环会先执行一次循环代码部分再去判断条件。do-while与while的最大区别是do-while至少执行一次循环体部分的代码。

下面使用do-while求1到100的和。

【文件 3.4】　　Statement3.java

```
1.    int sum = 0;           //定义一个变量，用于计算最终的和
2.    int i = 1;             //定义一个迭代变量
3.    do {
4.        sum += i;
5.        i++;
6.    } while (i <= 100);
7.    System.err.println("sum: " + sum);//5050
```

3.2.3　for循环

for 循环的迭代变量声明在 for 语句块之内，语法如下：

```
for(初始变量 ；判断 ；迭代 ){
    //循环体代码块
}
```

下面使用 for 循环求 1 到 100 的和。

【文件 3.5】　　Statement4.java

```
1.    int sum = 0;//声明变量用于计算最终的和
2.    for(int i=1;i<=100;i++){
3.        sum+=i;
4.    }
5.    System.err.println("sum :"+sum);//5050
```

循环中的初始变量只会执行一次，然后进行判断，每一次执行都会先判断一次，再执行循环体部分，最后执行迭代部分的代码。

也可以在初始化部分声明多个变量，示例如下。

【文件 3.6】　　Statement5.java

```
1.    int sum = 0;//声明变量用于计算最终的和
2.    for (int i = 1, j = 100; i <= 100 / 2; i++, j--) {
3.        sum += i + j;
4.    }
5.    System.err.println("sum :" + sum);//5050
```

在初始化部分声明了两个变量，所以只需要在判断部分循环 50 次即可。

如果将for中的初始化、判断和迭代部分全部去掉，即for(;;){}，则会变成永真的循环，此时应该在for循环体里面使用break停止这个循环，否则程序将会永无休止地执行下去。

3.3　break和continue关键字

中断控制语句包括break、continue和return。其中，break和continue不能独立使用，应该使用在while、for、switch语句块里面；而return可以停止当前方法的运行。

下面使用break跳出最内层的循环。

【文件 3.7】　　Statement6.java

```
1.   for (int i = 0; i < 5; i++) {
2.       for (int j = 0; j < 5; j++) {
3.           System.err.println(i + ":" + j);
4.           break;
5.       }
6.   }
```

在上例的代码中,第 4 行的 break 每次都会停止最内层的循环,即第 2 行的循环。所以,输出的结果为 i 从 0 到 4,但是 j 只会输出 0。

以下是使用break加标号的示例,可以退出添加了标号的循环。

【文件 3.8】　　Statement7.java

```
1.   one:for (int i = 0; i < 5; i++) {
2.       for (int j = 0; j < 5; j++) {
3.           System.err.println(i + ":" + j);
4.           break one;
5.       }
6.   }
```

在上例的代码中,第 1 行添加了一个 one:标号,而后在第 4 行处使用 break one 直接退出最外层的循环。所以,结果只会输出"0:0"。

continue用于停止本次循环后面代码的运行,但后续的循环还要执行。

【文件 3.9】　　Statement8.java

```
1.   for (int i = 0; i < 5; i++) {
2.       for (int j = 0; j < 5; j++) {
3.           if (j == 3) {
4.               continue;
5.           }
6.           System.err.println(i + ":" + j);
7.       }
8.   }
```

在上例的代码中,第 4 行的 continue 语句用于控制当 j==3 时不执行第 6 行的代码,而是继续执行下一个循环。所以,上面的代码不会输出 j=3 时的值。

return语句将终止方法的运行。

【文件 3.10】　　Statement9.java

```
1.   public static void main(String[] args) {
2.       for (int i = 0; i < 5; i++) {
3.           if (i == 0) {
4.               return;
5.           }
6.       }
7.       System.err.println("程序执行完成");
8.   }
```

在上面的代码中，当第 3 行的 i==0 为真时，继续执行第 4 行代码，将会直接退出 main 方法的执行，第 7 行的代码将不会输出。这就是 return 语句的特点。如果将 return 换成 break 或者 continue，就不会停止方法的运行，第 7 行的代码将会被执行。

break 和 continue 小结：

- break语句可以跳出当前循环。
- break语句通常配合if语句，在满足条件时提前结束整个循环。
- break语句总是跳出最近的一层循环。
- continue语句可以提前结束本次循环。
- continue语句通常配合if语句，在满足条件时提前结束本次循环。

3.4 实训3：登录及收银

1. 需求说明

售货员根据用户名和密码登录系统。若用户名或密码错误，则系统出现错误提示，共3次尝试机会。

输入购买商品和购买数量，计算价格，完成收银。

2. 训练要点

if语句，循环语句，开关语句。

3. 实现思路

（1）使用for循环控制登录尝试次数。若账号和密码正确，则进入系统，否则提示密码错误。登录错误超过三次，提示没有权限。

（2）使用do-while实现对多个商品收银。

4. 解决方案及关键代码

```java
//登录
static void LoginMenu() {
    System.out.println("\t\t\t\t 欢迎使用商超购物管理系统 \n\n");
    System.out.println("\t\t\t\t1.登录系统\n\n");
    System.out.println("\t\t\t\t2.退出\n\n");
    System.out
    .println ("************************************************************");
    System.out.print("请选择，输入数字：");
    Scanner input = new Scanner(System.in);
    int choice = input.nextInt();
    switch (choice) {
    case 1:
        for (int i = 1; i <= 3; i++) {
            System.out.print("请输入用户名：");
            String name = input.next();
```

```java
                System.out.print("\n 请输入密码: ");
                String pwd = input.next();
                if ((search(cname, name, cpos) == search(password, pwd, cpos))
                        && (search(cname, name, cpos) != -1)) {
                    System.out.println("\n 欢迎进入商超购物管理系统!");
                    break;
                } else if (3 - i == 0) {
                    System.out.println("\t 对不起,您没有权限! \n\n\t 谢谢使用!");
                    System.exit(0);
                    break;
                }
                System.out.println("\n\n 用户名和密码不匹配!" + "\n 您还有" + (3 - i)
                        + "次登录机会,请重新输入: ");
            }
            mainMenu();
            break;
        case 2:
            System.out.println("谢谢您的使用!");
            break;
        default:
            System.out.println("输入错误!您没有权限进入系统!谢谢!");
            break;
        }
    }

    //前台收银菜单
    static void mainMenu02() {

        System.out.println("\n\n\t\t\t 商超购物管理系统   前台收银\n");
        System.out.println("**********************************************************************\n");
        System.out.println("\t\t\t\t1.购物结算\n");

        Pay();
        System.out.println("**********************************************************************\n");
        mainMenu();
    }

    //购物结算
    static void Pay() {
        Scanner input = new Scanner(System.in);
        String answer;
        double pcount = 0;  //价格总计
        do {
            boolean mark=selectGoods();
            if(mark){
                System.out.print("\n 请选择商品: ");
                String name = input.next();
                int number = search(gname, name, gpos);
                System.out.print("\n 请输入购买数量: ");
                int sum = input.nextInt();
                out[number] = out[number] + sum;
                count[number] = count[number] - sum;
                System.out.println(name + "\t\t¥" + price[number] + "\t\t" + "购买数量" + sum + "\t\t" + name + "总价" + sum * price[number]);
```

```
                pcount = pcount + sum * price[number];
            }else{
                System.out.println("该商品不存在");
            }
            System.out.print("\n是否继续（y/n）");
            answer = input.next();
        } while (answer.equals("y"));
        System.out.println("\n总计： " + pcount);
        System.out.println("\n请输入实际交费金额： ");
        double money = input.nextDouble();
        System.out.println("找钱： " + (money - pcount) + "\n谢谢光临！");
        writeArrays();
    }

    //通过商品名称模糊查询商品信息
    static boolean selectGoods() {
        System.out.println("输入商品关键字： ");
        Scanner sca = new Scanner(System.in);
        String input = sca.next();
        for (int i = 0; i < gpos; i++) {
            int index = gname[i].indexOf(input);
            if (index != -1) {
                showGoods(gname[i]);
                return true;
            }
        }
        return false;
    }
```

3.5 本章总结

从结构化程序设计的角度来看，程序有 3 种结构：顺序结构、选择结构和循环结构。若在程序中没有给出特别的执行目标，则系统默认自上而下一行一行地执行，这类程序的结构就为顺序结构。控制语句在各种不同的语言中基本类似。需要说明的是，在Java中goto仍然是保留字，但在C语言中是跳转语句。由于goto破坏了程序结构，因此在Java中虽然保留了goto关键字，但不推荐使用goto。

控制语句在程序运行过程中控制程序的流程，并最终实现业务逻辑。

3.6 课后练习

1. 以下代码的运行结果是（   ）。

```
String str = null;
if(str!=null & str.length()>0){
    System.out.println("有数据");//行1
```

```
}else{
    System.out.println("没有数据");//行2
}
```
  A．输出行 1   B．输出行 2   C．没有结果   D．运行异常

2．以下控制语句的执行结果是（　　）。

```
long lon = 1;
switch(lon){
case 1:
    //Line 1
case 2:
    //line 2
    break;
default:
    break;
}
```
  A．Line1　Line2 B．Line1   C．line2   D．编译出错

3．以下程序的运行结果是（　　）。

```
int a=2;
int b=2;
switch(a){
case 0:
    //line1
case 1:
    //line2
    break;
case b:
    //line3
default:
    //line4
    break;
}
```
  A．line3   B．line3　line4 C．编译出错 D．line4

第 4 章
数　组

本章将学习Java语言中的一个基本部分：数组（Array）。数组是编程语言中一个很通用的概念，几乎所有的编程语言都支持数组。数组用于保存一组相同数据类型的元素。注意，数组的下标index是从0开始的。数组元素的个数为数组的长度length。数组使用[]（中括号）来声明，一旦声明数组的大小就不能再修改了。数组在内存中占用一块连续的内存空间，默认的数组引用将指向第一个元素，如图4-1所示。

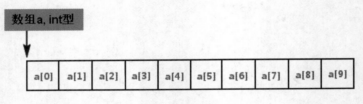

图4-1　数组的内存形式

4.1　数组初探

数组是一组相同类型变量的集合，可以分为一维数组和多维数组。

4.1.1　创建数组

下面通过一个创建 int 数组的例子看一下在 Java 中使用数组的语法。

```
int studentCount = 5;        //创建一个int变量student，并给它赋值5
int[] students;              //声明一个int数组，数组名字为students
students = new int[5];       //创建一个代表"5个int变量"的数组，并赋值给students
```

上面的代码分别创建了一个 int 变量和一个 int 数组。对于"int studentCount = 5;"，我们应该很熟悉了。下面看第 2 行创建数组的代码，这行代码声明（declare）了一个名为 students

的 int 数组。先看一下声明数组的语法："类型"+"[]"+"一个或多个空格"+"数组名称"（本例中就是 int[] students）。语法中与普通变量唯一不同的地方就是类型后面跟着一对中括号。这对中括号就标志着声明一个数组，而不是创建一个普通的变量。

紧跟着第3行创建了一个数组（使用new int[5]），并将这个数组赋值给声明的students（使用等号赋值操作）。创建一个数组的语法为：new+空格+类型+[一个代表数组大小的非负整数]（本例中就是new int[5];）。其中，new是Java中的关键字，可以把它理解为"创建，新建"。"new int[5];"的意思就是"创建一个数组，数组中每个元素的类型为int,数组中包含5个元素"。

在创建数组的时候，中括号中的数字5可以被一个int变量代替，但是它的值必须是非负数。例如，在上面的代码中，就可以将第2行代码写为"students = new int[studentCount];"。因为studentCount的值也为5，所以它们的意义是完全一样的。

> 注意：Java中允许创建一个大小为0的数组，也就是说"int[] emptyArray = new int[0];"在Java中是正确的。这样的数组基本上没有什么作用，可以不用理会。当然，大小为负数的数组在Java中是不被允许的。

为了简洁，也可以把数组的声明、创建和赋值合并为一行：int[] students = new int[5];。实际上，绝大多数情况下都使用这种方式。下面的代码声明更多类型的数组，以帮助读者理解如何创建数组：

```
1.   int[ ] a1 = new int[1];  //指定数组大小，并没有指定元素的具体值
2.   Int[ ] a2 = new int[]{100};//直接设置元素的值，此时不再指定大小，默认将根据元素个数直接设置length的值
3.   int[] a3 = new int[1];
4.   a3[0]=100;   //在声明数组以后，单独设置数组元素的具体值 i
5.   int[] a4 = {100,200};    //省去 new 关键字的声明，功能同上
6.   //在声明数组时，数组的声明部分不能指定大小，例如：
7.   Int[3] a5;    //声明时在类型中指定大小，编译出错
8.   //不能重复指定大小
9.   Int[ ] a6 = new int[1]{100};   //在 new int[1]里面指定了大小为1，同时又设置了元素的具体值，编译出错
10.  int[] a7 = new int[] ;    //没有指定大小，编译出错
```

4.1.2 数组的维度

可以声明一维、二维或者更多维度的数组。使用一个[]声明的是一维数组，使用两个[]声明的是二维数组，以此类推。

1. 一维数组

一维数组实质上是相同类型变量的列表。要创建一个数组，就必须首先定义数组变量所需的类型。通用的一维数组的声明格式如下：

```
type varname[ ];
```

其中，type 定义了数组的基本类型。基本类型决定了组成数组的每一个基本元素的数据类型。这样，数组的基本类型决定了数组存储的数据类型。例如，定义数据类型为 int、名为 month_days 的数组：

```
int month_days[];
```

尽管该例定义了month_days是一个数组变量的事实,但实际上没有数组变量存在。事实上,month_days的值被设置为空,代表一个数组没有值。为了使数组month_days成为实际、物理上存在的整型数组,必须用运算符new来为其分配地址,并把它赋给month_days。new是专门用来分配内存的运算符,它的一般形式如下:

```
arrayvar = new type[size];
```

其中,type指定被分配的数据类型,size指定数组中变量的个数,arrayvar是被链接到数组的数组变量。也就是说,使用运算符new来分配数组,必须指定数组元素的类型和数组元素的个数。用运算符new分配数组后,数组中的元素将会被自动初始化为零。例如,分配一个12个整型元素的数组并把它们和数组month_days链接起来:

```
month_days = new int[12];
```

通过这个语句的执行,数组month_days将会指向12个整型元素,而且数组中的所有元素将被初始化为零。

回顾一下上面的过程,获得一个数组需要两步:第一步,必须定义变量所需的类型;第二步,必须使用运算符new来为数组所要存储的数据分配内存,并把它们分配给数组变量。这样Java中的数组被动态地分配。

一旦分配了一个数组,就可以在方括号内指定它的下标来访问数组中特定的元素。所有的数组下标从0开始。例如,将值28赋给数组month_days的第二个元素:

```
month_days[1] = 28;
```

又如,显示存储在下标为3的数组元素的值:

```
System.out.println ( month_days [ 3 ]);
```

下面用数组存储每个月的天数。

【文件 4.1】 ArrayDemo.java

```
1.    class ArrayDemo {
2.        public static void main(String args[]) {
3.            int month_days[];
4.            month_days = new int[12];
5.            month_days[0] = 31;
6.            month_days[1] = 28;
7.            month_days[2] = 31;
8.            month_days[3] = 30;
9.            month_days[4] = 31;
10.           month_days[5] = 30;
11.           month_days[6] = 31;
12.           month_days[7] = 31;
13.           month_days[8] = 30;
14.           month_days[9] = 31;
15.           month_days[10] = 30;
16.           month_days[11] = 31;
17.           System.out.println("April has " + month_days[3] + " days.");
18.       }
19.   }
```

运行这个程序,会打印出 4 月份的天数。如前面提到的,Java 数组下标从 0 开始,因此 4 月份的天数数组元素为 month_days[3]或 30。

Java会自动分配一个足够大的空间来保存用户指定的初始化元素的个数,而不必使用运算符new。例如,为了存储每个月中的天数,可以定义一个初始化的整数数组。

【文件 4.2】　　ArrayDemo1.java

```
1.    class ArrayDemo1{
2.        public static void main(String args[]) {
3.            int month_days[] = { 31, 28, 31, 30, 31, 30, 31, 31, 30, 31,30, 31 };
4.            System.out.println("April has " + month_days[3] + " days.");
5.        }
6.    }
```

运行这个程序,会发现它和前一个程序产生的输出一样。

Java的运行系统会认真检查,确保所有的数组下标都在正确的范围之内,以保证用户不会意外地去存储或引用在数组范围以外的值。例如,在文件4.2所示代码中,运行系统将检查数组month_days的每个下标值,以保证它在0和11之间。如果企图访问数组边界以外(负数或比数组边界大)的元素,就会引起运行错误。

下面用一维数组来计算一组数字的平均数。

【文件 4.3】　　ArrayDemo2.java

```
1.    class ArrayDemo2{
2.        public static void main(String args[]) {
3.            double nums[] = {10.1, 11.2, 12.3, 13.4, 14.5};
4.            double result = 0;
5.            int i;
6.            for(i=0; i<nums.length; i++)
7.                result = result + nums[i];
8.                System.out.println("Average is " + result / 5);
9.        }
10.   }
```

在上面的循环中,使用 nums.length 来判断大小。每一个数组都有一个 length 属性。它将返回数组元素的实际大小。

2. 多维数组

在 Java 中,多维数组实际上是数组的数组。定义多维数组变量要将每个维数放在它们各自的方括号中。例如,下面的语句定义了一个名为 twoD 的二维数组变量。

```
int twoD[][] = new int[4][5];
```

该语句分配了一个 4 行 5 列的数组并把它分配给数组 twoD。实际上,这个矩阵表示了 int 类型的数组被实现的过程。理论上,这个数组的表示如图 4-2 所示。

下面的程序将从左到右、从上到下为数组的每个元素赋值,然后显示数组的值。

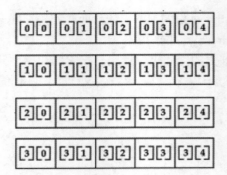

图4-2 二维数组（4行5列）

【文件 4.4】 ArrayDemo3.java

```
1.   class ArrayDemo3{
2.     public static void main(String args[]) {
3.       int twoD[][]= new int[4][5];
4.       int i, j, k = 0;
5.
6.       for(i=0; i<4; i++)
7.         for(j=0; j<5; j++) {
8.           twoD[i][j] = k;
9.           k++;
10.        }
11.
12.      for(i=0; i<4; i++) {
13.        for(j=0; j<5; j++)
14.          System.out.print(twoD[i][j] + " ");
15.          System.out.println();
16.      }
17.    }
18. }
```

程序运行的结果如下：

```
0 1 2 3 4
5 6 7 8 9
10 11 12 13 14
15 16 17 18 19
```

给多维数组分配内存时，只需指定第一个（最左边）维数的内存即可，也可以单独给余下的维数分配内存。例如，下面的程序在数组twoD被定义时给第一个维数分配内存，第二维则是手工分配地址。

```
int twoD[][] = new int[4][];
twoD[0] = new int[5];
twoD[1] = new int[5];
twoD[2] = new int[5];
twoD[3] = new int[5];
```

尽管在这种情形下单独给第二维分配内存没有什么优点，但是在其他情形下就不同了。例如，手工分配内存时，不需要给每个维数相同的元素分配内存。下面定义一个二维数组，它的第二维的大小是不相等的。

【文件 4.5】 ArrayDemo4.java

```
1.   class ArrayDemo4{
2.     public static void main(String args[]) {
3.       int twoD[][] = new int[4][];
4.       twoD[0] = new int[1];
5.       twoD[1] = new int[2];
6.       twoD[2] = new int[3];
7.       twoD[3] = new int[4];
8.
9.       int i, j, k = 0;
10.
11.      for(i=0; i<4; i++)
12.        for(j=0; j<i+1; j++) {
13.          twoD[i][j] = k;
14.          k++;
15.        }
16.
17.      for(i=0; i<4; i++) {
18.        for(j=0; j<i+1; j++)
19.          System.out.print(twoD[i][j] + " ");
20.        System.out.println();
21.      }
22.    }
23.  }
```

该程序产生的输出如下：

```
0
1 2
3 4 5
6 7 8 9
```

该程序定义的数组表示如图 4-3 所示。

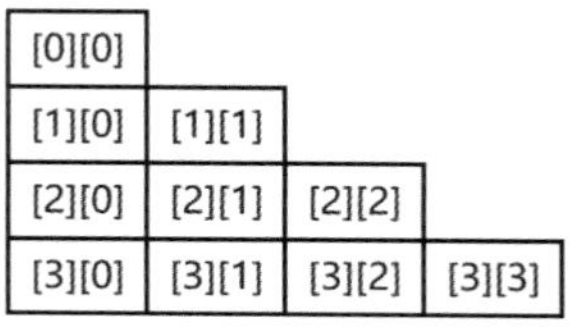

图4-3

4.2 数组的遍历

遍历就是显示数组中所有元素的过程。既可以使用下标进行遍历，也可以使用 foreach 循环进行遍历。例如：

```
for(int i =0 ; i<someArray.length; i++){
   System.out.println(someArray[i]);
}
```

或者使用 foreach 进行遍历：

```
for(int val: someArray){
   System.out.println(val);
}
```

4.3　数组的排序

排序算法的分类如下：

- 插入排序（直接插入排序、折半插入排序、希尔排序）。
- 交换排序（冒泡排序、快速排序）。
- 选择排序（直接选择排序、堆排序）。
- 归并排序。
- 基数排序。

关于排序方法的选择：

（1）若 n 较小（如 $n \leq 50$），则可采用直接插入或直接选择排序。当记录规模较小时，直接插入排序较好；否则直接选择移动的记录数少于直接插入，选择直接选择排序为宜。

（2）若文件初始状态基本有序（正序），则选用直接插入、冒泡或随机的快速排序为宜。

（3）若 n 较大，则应采用时间复杂度为 $O(n\lg n)$ 的排序方法：快速排序、堆排序或归并排序。

现在先初始化一个原始的数组。

【文件 4.6】　SortTest.java

```java
public class SortTest {
    /**
     * 初始化测试数组的方法
     */
    public int[] createArray() {
        Random random = new Random();
        int[] array = new int[10];
        for (int i = 0; i < 10; i++) {
            //生成两个随机数相减，保证生成的数中有负数
            array[i] = random.nextInt(100) - random.nextInt(100);
        }
        System.out.println("-----------原始序列------------------");
        printArray(array);
        return array;
    }
    /**
     * 打印数组中的元素到控制台
     */
    public void printArray(int[] source) {
        for (int i : source) {
            System.out.print(i + " ");
        }
        System.out.println();
    }
    /**
     * 交换数组中指定的两个元素的位置
```

```
    */
    private void swap(int[] source, int x, int y) {
        int temp = source[x];
        source[x] = source[y];
        source[y] = temp;
    }
}
```

4.3.1 冒泡排序

冒泡排序是交换排序的一种。它的思想是对相邻的两个元素进行比较，若有需要，则进行交换，每完成一次循环就将最大的元素排在最后（假设从小到大排序），下一次循环对其他的数进行类似操作。

冒泡排序的性能：时间复杂度和比较次数分别为$O(n^2)$、$n^2/2$，空间复杂度和交换次数分别为$O(n^2)$，$n^2/4$。

【文件 4.7】　　SortTest1.java

```
public void bubbleSort(int[] source, String sortType) {
    if (sortType.equals("asc")) { //正排序，从小排到大
        for (int i = source.length - 1; i > 0; i--) {
            for (int j = 0; j < i; j++) {
                if (source[j] > source[j + 1]) {
                    swap(source, j, j + 1);
                }
            }
        }
    } else if (sortType.equals("desc")) { //倒排序，从大排到小
        for (int i = source.length - 1; i > 0; i--) {
            for (int j = 0; j < i; j++) {
                if (source[j] < source[j + 1]) {
                    swap(source, j, j + 1);
                }
            }
        }
    } else {
        System.out.println("您输入的排序类型错误！");
    }
    printArray(source);//输出冒泡排序后的数组值
}
```

4.3.2 直接选择排序

直接选择排序是选择排序的一种。它的思想是：每一趟从待排序的数据元素中选出最小（或最大）的一个元素，顺序放在已排好序的数列的最后，直到全部待排序的数据元素排完。

直接选择排序的性能：时间复杂度和比较次数分别为$O(n^2)$、$n^2/2$，空间复杂度和交换次数分别为$O(n)$、n。

交换次数比冒泡排序少得多，由于交换所需CPU的时间比比较所需的CUP时间多，因此选择排序比冒泡排序快。当N比较大时，比较所需的CPU时间占主要地位，这时的性能和冒泡排序差不多。

【文件 4.8】 SortTest2.java

```java
public void selectSort(int[] source, String sortType) {
    if (sortType.equals("asc")) { //正排序,从小排到大
        for (int i = 0; i < source.length; i++) {
            for (int j = i + 1; j < source.length; j++) {
                if (source[i] > source[j]) {
                    swap(source, i, j);
                }
            }
        }
    } else if (sortType.equals("desc")) { //倒排序,从大排到小
        for (int i = 0; i < source.length; i++) {
            for (int j = i + 1; j < source.length; j++) {
                if (source[i] < source[j]) {
                    swap(source, i, j);
                }
            }
        }
    } else {
        System.out.println("您输入的排序类型错误!");
    }
    printArray(source);//输出直接选择排序后的数组值
}
```

4.3.3 插入排序

插入排序的思想是将一个记录插入已排好序的有序表（有可能是空表）中，从而得到一个新的记录数增1的有序表。

插入排序的性能：时间复杂度和比较次数分别为$O(n^2)$、$n^2/2$，空间复杂度和复制次数分别为$O(n)$、$n^2/4$。

比较次数是前面两种排序方法的一半，而复制所需的CPU时间比交换少，所以性能比冒泡排序提高一倍多，也比选择排序快一些。

【文件 4.9】 SortTest3.java

```java
public void insertSort(int[] source, String sortType) {
    if (sortType.equals("asc")) { //正排序,从小排到大
        for (int i = 1; i < source.length; i++) {
            for (int j = i; (j > 0) && (source[j] < source[j - 1]); j--) {
                swap(source, j, j - 1);
            }
        }
    } else if (sortType.equals("desc")) { //倒排序,从大排到小
        for (int i = 1; i < source.length; i++) {
            for (int j = i; (j > 0) && (source[j] > source[j - 1]); j--) {
                swap(source, j, j - 1);
            }
        }
    } else {
        System.out.println("您输入的排序类型错误!");
    }
```

```
        printArray(source);//输出插入排序后的数组值
    }
```

4.3.4 快速排序

快速排序使用分治法（Divide and Conquer）策略把一个序列分为两个子序列。步骤如下：

（1）从数列中挑出一个元素，称为"基准"（pivot）。

（2）重新排序数列，所有元素比基准值小的摆放在基准前面，所有元素比基准值大的摆在基准后面（相同的数可以到任一边）。在这个分割之后，该基准是它的最后位置。这个称为分割（partition）操作。

（3）递归地（recursive）对小于基准值元素的子数列和大于基准值元素的子数列排序。

【文件 4.10】　　SortTest4.java

```java
/*递归的最底部情形是数列的大小是 0 或 1，也就是永远被排好序。虽然一直递归下去，但是这个算法总会
结束，因为在每次迭代（iteration）中至少会把一个元素摆到它最后的位置去 */
public void quickSort(int[] source, String sortType) {
    if (sortType.equals("asc")) { //正排序，从小排到大
        qsort_asc(source, 0, source.length - 1);
    } else if (sortType.equals("desc")) { //倒排序，从大排到小
        qsort_desc(source, 0, source.length - 1);
    } else {
        System.out.println("您输入的排序类型错误！");
    }
}
private void qsort_asc(int source[], int low, int high) {
    int i, j, x;
    if (low < high) { //这个条件用来结束递归
        i = low;
        j = high;
        x = source[i];
        while (i < j) {
            while (i < j && source[j] > x) {
                j--; //从右向左找第一个小于 x 的数
            }
            if (i < j) {
                source[i] = source[j];
                i++;
            }
            while (i < j && source[i] < x) {
                i++; //从左向右找第一个大于 x 的数
            }
            if (i < j) {
                source[j] = source[i];
                j--;
            }
        }
        source[i] = x;
        qsort_asc(source, low, i - 1);
        qsort_asc(source, i + 1, high);
    }
}
```

```java
private void qsort_desc(int source[], int low, int high) {
    int i, j, x;
    if (low < high) { //这个条件用来结束递归
        i = low;
        j = high;
        x = source[i];
        while (i < j) {
            while (i < j && source[j] < x) {
                j--; //从右向左找第一个小于 x 的数
            }
            if (i < j) {
                source[i] = source[j];
                i++;
            }
            while (i < j && source[i] > x) {
                i++; //从左向右找第一个大于 x 的数
            }
            if (i < j) {
                source[j] = source[i];
                j--;
            }
        }
        source[i] = x;
        qsort_desc(source, low, i - 1);
        qsort_desc(source, i + 1, high);
    }
}
```

4.4 数组元素的查找

数组元素的查找就是从数组元素中判断某个元素是否存在,可以使用顺序查找和二分查找。顺序查找就是从元素的第0个位置一直查找到元素的length-1的位置,如果找到就返回下标,如果找不到就返回-1。顺序查找比较简单,此处主要讲一下二分查找。

当数据量很大时,适宜采用二分查找。采用二分查找时,数据需要是排好序的,主要思想是:假设查找的数组区间为array[low, high],确定该区间的中间位置$k(2)$,将查找的值T与array[k]比较。若相等,则查找成功,返回此位置,否则确定新的查找区域,继续二分查找,区域确定为a.array[k]>T。由数组的有序性可知 array[$k,k+1,\cdots,high$]>T,故新的区间为array[low,$\cdots,k-1$], b.array[k]<T类似于上面查找区间为array[$k+1,\cdots,high$]。每一次查找与中间值比较,可以确定是否查找成功,不成功当前查找区间缩小一半,再递归查找。二分查找的时间复杂度为$O(\log_2 n)$。

【文件 4.11】 SortTest5.java

```java
public int binarySearch(int[] source, int key) {
    int low = 0, high = source.length - 1, mid;
    while (low <= high) {
        mid = (low + high) >>> 1; //相当于 mid = (low + high)/2,但效率会高一些
        if (key == source[mid]) {
```

```
            return mid;
        } else if (key < source[mid]) {
            high = mid - 1;
        } else {
            low = mid + 1;
        }
    }
    return -1;
}
```

4.5 Arrays工具类

在Java中有一个类java.util.Arrays。此类提供了一些静态方法,可以实现数组的操作。Arrays类的一些API如表4-1所示。

表4-1 Arrays 类的 API

API	使用说明
static int	binarySearch(byte[] a, byte key):使用二分查找法来查找指定的 byte 型数组,以获得指定的值
static boolean[]	copyOf(boolean[] original, int newLength):复制指定的数组,截取或用 false 填充(如有必要),以使副本具有指定的长度
static boolean	equals(boolean[] a, boolean[] a2):如果两个指定的 boolean 型数组彼此相等,则返回 true
static void	fill(boolean[] a, boolean val):将指定的 boolean 值分配给指定 boolean 型数组的每个元素
static void	sort(byte[] a):对指定的 byte 型数组按数字升序进行排序
static String	toString(boolean[] a):返回指定数组内容的字符串表示形式

灵活使用上面 Arrays 类的方法,可以让开发事半功倍。上面的方法有很多重载,即可以接收各种类型的数组。

4.6 实训4:商品管理

1. 需求说明

为商超购物管理系统添加商品、删除商品,以及按价格或数量排序。

2. 训练要点

数组的使用,排序算法。

3. 实现思路

（1）添加或删除商品需要变更商品名称、商品价格和数量，新增商品时留意数组大小。
（2）使用本章的任一方法排序。

4. 解决方案及关键代码

```java
//添加商品
static void addGoods() {
    Scanner input = new Scanner(System.in);
    System.out.println("添加商品名称：");
    String name = input.next();
    add(gname, name, gpos);
    System.out.println("输入添加商品价格：");
    double p = input.nextDouble();
    add(price, p, gpos);
    System.out.println("输入添加商品数量：");
    int c = input.nextInt();
    add(count, c, gpos);
    add(out, 0, gpos);
    gpos++;
}

// 添加 String 数组元素
static void add(String[] arrays, String element, int pos) {

    if (pos == arrays.length) { //扩充数组空间
        arrays = (String[]) Arrays.copyOf(arrays, arrays.length * 2);
    }
    arrays[pos] = element;
}

//添加 double 数组元素
static void add(double[] arrays, double element, int pos) {

    if (pos == arrays.length) { //扩充数组空间
        arrays = (double[]) Arrays.copyOf(arrays, arrays.length * 2);
    }
    arrays[pos] = element;
}

//添加 int 数组元素
static void add(int[] arrays, int element, int pos) {

    if (pos == arrays.length) { //扩充数组空间
        arrays = (int[]) Arrays.copyOf(arrays, arrays.length * 2);
    }
    arrays[pos] = element;
}

//删除商品
```

```java
static void delGoods() {
    Scanner input = new Scanner(System.in);
    System.out.println("请输入要删除的商品名称：");
    String name = input.next();
    int number = search(gname, name, gpos);
    del(gname, number, gpos);
    del(price, number, gpos);
    del(count, number, gpos);
    del(out, number, gpos);
    gpos--;
}

//删除String型数组元素
static void del(String[] arrays, int number, int pos) {

    for (int i = number; i < pos; i++) {
        arrays[i] = arrays[i + 1];
    }
}

//删除int型数组元素
static void del(int[] arrays, int number, int pos) {
    for (int i = number; i < pos; i++) {
        arrays[i] = arrays[i + 1];
    }
}

//删除double型数组元素
static void del(double[] arrays, int number, int pos) {
    for (int i = number; i < pos; i++) {
        arrays[i] = arrays[i + 1];
    }
}

//按商品数量升序查询
static void countasc() {
    int[] agoods = sort(count, gpos);
    System.out.println("商品名称" + "\t\t" + "商品价格" + "\t\t" + "商品数量" + "\t\t"
            + "备注");
    for (int i = 0; i < gpos; i++) {
        int number = search(count, agoods[i], gpos);

        if (count[number] < 10) {
            System.out.println(gname[number] + "\t\t" + price[number]
                    + "\t\t" + count[number] + "\t\t" + "\t\t*该商品已不足10件！"
                    + "\n");
        } else {
            System.out.println(gname[number] + "\t\t" + price[number]
                    + "\t\t" + count[number] + "\n");
        }
    }
}
```

```java
    }

    //按商品价格升序查询
    static void priceasc() {
        double[] agoods = sort(price, gpos);
        System.out.println("商品名称" + "\t\t" + "商品价格" + "\t\t" + "商品数量" + "\t\t"
                + "备注");
        for (int i = 0; i < gpos; i++) {
            int number = search(price, agoods[i], gpos);

            if (price[number] < 10) {
                System.out.println(gname[number] + "\t\t" + price[number]
                        + "\t\t" + count[number] + "\t\t" + "\t\t*该商品已不足 10 件！"
                        + "\n");
            } else {
                System.out.println(gname[number] + "\t\t" + price[number]
                        + "\t\t" + count[number] + "\n");
            }
        }
    }

    //按字符串对数组进行排序
    static void sort(String[] arrays, int pos) {
        String[] a = (String[]) Arrays.copyOf(arrays, arrays.length);
        for (int i = 0; i < pos - 1; i++) {
            for (int j = 0; j < pos - i - 1; j++) {
                if ((a[j].compareTo(a[j + 1])) > 0) {
                    String Temp = a[j];
                    a[j] = a[j + 1];
                    a[j + 1] = Temp;
                }
            }
            for (int k = 0; k < pos; k++) {
                System.out.println(a[k]);
            }
        }
    }

    //按 double 大小对数组进行排序
    static double[] sort(double[] arrays, int pos) {
        double[] a = (double[]) Arrays.copyOf(arrays, arrays.length);
        for (int i = 0; i < pos - 1; i++) {
            for (int j = 0; j < pos - i - 1; j++) {
                if (a[j] > a[j + 1]) {
                    double Temp = a[j];
                    a[j] = a[j + 1];
                    a[j + 1] = Temp;
                }
            }
        }
        return a;
```

```java
    }

    //按 int 大小对数组进行排序
    static int[] sort(int[] arrays, int pos) {
        int[] a = (int[]) Arrays.copyOf(arrays, arrays.length);
        for (int i = 0; i < pos - 1; i++) {
            for (int j = 0; j < pos - i - 1; j++) {
                if (a[j] > a[j + 1]) {
                    int Temp = a[j];
                    a[j] = a[j + 1];
                    a[j + 1] = Temp;
                }
            }
        }
        return a;
    }

    //查找字符串数组元素
    static int search(String[] arrays, String value, int pos) {
        for (int i = 0; i < pos; i++) {
            if (value.equals(arrays[i])) {
                return i;
            }
        }
        return -1;
    }

    //查找 double 数组元素
    static int search(double[] arrays, double value, int pos) {
        for (int i = 0; i < pos; i++) {
            if (value == arrays[i]) {
                return i;
            }
        }
        return -1;
    }

    //查找 int 数组元素
    static int search(int[] arrays, int value, int pos) {
        for (int i = 0; i < pos; i++) {
            if (value == arrays[i]) {
                return i;
            }
        }
        return -1;
    }
```

4.7 本章总结

通过本章的学习，了解并掌握数组的定义、一维和多维数组的使用，以及数组的排序和查找。其中，Arrays工具类提供了快速排序、查找等算法。数组用于保存一组相同类型的元素。数组的大小一旦定义，就不能更改。在Arrays工具类中，可以使用copyof方法实现数组的复制，从而达到扩展数组的目的。

4.8 课后练习

1. 开发一个算法，将数组倒序输出。
2. 使用冒泡算法对用户输入的任意字符串进行排序。

第二专题
Java面向对象程序设计

本专题主要讲解Java类和对象、对象的特性、抽象类和接口、图形界面编程等。本专题对应的贯穿项目案例为：Java搭建的商超管理系统，具体项目需求和最终效果如下。

Java商超管理系统包括系统登录欢迎界面和超市货物管理界面两个界面，通过系统可以方便地实现对商品信息的增删改操作。其中，商品信息包括商品编号、商品名称、商品单价和计价单位等。

基本需求和效果说明如下。

1. 登录界面

商超管理系统的登录界面如专题二图1所示。

专题二图1

2. 商品信息界面

登录之后进入商品信息界面如专题二图2所示。

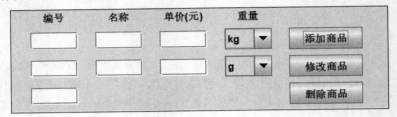

专题二图2

3. 对商品信息进行增删改操作

增删改操作界面如专题二图3所示。添加和修改商品如专题二图4所示。

专题二图3

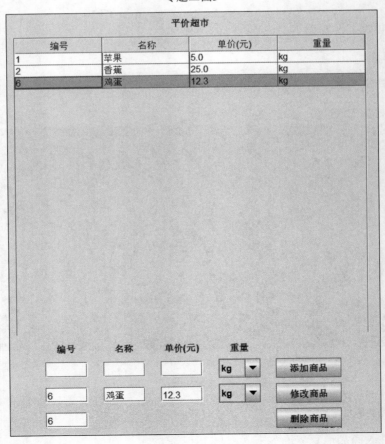

专题二图4

输入错误时会触发提示(例如没有输入商品信息就进行增删改操作),如专题二图5所示。

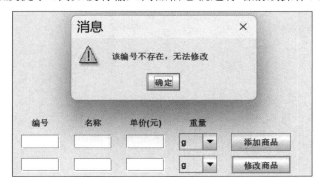

专题二图5

环境要求:

- 要求使用Eclipse控制台开发程序。
- 要求使用Java类和对象、对象的特性、抽象类和接口、图形界面编程来实现所有功能。

项目要求:

- 该综合实训任务将作为本专题最后的测验项目。

第 5 章

Java类和对象

Java重要的特征之一就是面向对象,"一切皆对象"是Java的口号。本章将从对象的概念理解出发,继而引出类的设计和关于类的结构相关内容,主要内容包括类与对象的关系、类的定义、对象的创建与使用、类的封装、方法的重载、构造方法的定义、构造方法的重载等。

5.1 对象和类的概念

5.1.1 对象的概念

观察周围真实的世界,会发现身边有很多对象,比如车、狗、人等。所有这些对象都有自己的状态和行为。拿一条狗来举例,它的状态有名字、品种、颜色等,行为有叫、摇尾巴和跑等。

面向对象是一种符合人类思维习惯的编程思想。现实生活中存在各种形态不同的事物,这些事物之间存在着各种各样的联系。在程序中,使用对象来映射现实中的事物,使用对象的关系来描述事物之间的联系,这种思想就是面向对象。对比现实对象和软件对象,它们之间十分相似。

软件对象也有状态和行为。软件对象的状态就是属性,行为通过方法来体现。在软件开发中,方法操作对象内部状态的改变,对象的相互调用也是通过方法来完成的。

5.1.2 类的概念、类与对象关系

通俗地理解,类是对拥有相同属性和特征的同一种对象的抽象。在Java程序中,类的实质是一种数据类型,类似于int、double,不同的是类是一种复杂的数据类型。类是对所有对象进行抽象概括,是对对象的刻画。举个例子来说,类是"狗"这个概念,而对象则可能是大黄、小白和旺财等。

类与对象之间的关系是抽象与具体之间的关系，主要从两个方面来讲：

（1）类用来描述一群具有相同属性和行为的事物，对象是一类事物中的一个具体存在。

（2）类是模板，对象是根据这个类模板创建出来的一个真实的个体。模板中有什么，对象中就有什么，不会多，也不会少。

比如类是制造月饼的模子，模子不能吃，所以类是不能用的。对象是根据这个模子制造出来的月饼，模子上有什么，月饼上就有什么，不会多，也不会少。月饼可以吃，所以对象可以用。类与对象的关系形象描述如图5-1所示。

再比如男孩（boy）、女孩（girl）为类（class），而具体的每个人为该类的对象（object），如图5-2所示。

图5-1

图5-2

5.2 类与对象的定义和使用

5.2.1 类的设计

在Java程序中，使用class关键字来定义一个类。定义类的步骤是：定义类，定义属性，定义方法。

以下是定义类的属性和方法的参考写法。

定义类的属性：

```
public 数据类型  属性名;
```

定义类的方法：

```
public 返回值类型 访问修饰符 方法名(参数列表)
{
    方法体;
}
```

比如定义一个学生类，先考虑学生有哪些属性，比如年龄、姓名、性别等，然后考虑学生有哪些功能，比如显示个人信息等。注意：一般的类中并没有 main 方法，一个程序中可以有多个类，但只有一个 main 方法。学生类设计如下。

【文件 5.1】　Student.java

```
1.  public class Student {
2.      //定义属性
3.      public String name;
4.      public int age;
5.      public String sex;
6.      //定义方法
7.      public void showInfo(){
8.          System.out.println("姓名:" + name);
9.          System.out.println("年龄:" + age);
10.         System.out.println("性别:" + sex);
11.     }
12. }
```

5.2.2　对象的创建和使用

类定义完成之后肯定无法直接使用，要使用类的话，必须依靠对象。类属于引用数据类型，对象的产生格式（两种格式）如下：

（1）声明并实例化对象：

```
类名称 对象名称 = new 类名称 () ;
```

（2）先声明对象，再实例化对象：

```
类名称 对象名称 = null ;
对象名称 = new 类名称 () ;
```

引用数据类型与基本数据类型最大的不同在于：引用数据类型需要内存的分配和使用。所以，关键字 new 的主要功能就是分配内存空间。也就是说，只要使用引用数据类型，就要使用关键字 new 来分配内存空间。

当一个实例化对象产生之后，可以按照如下方式进行类的操作：

- 对象.属性：表示调用类中的属性。
- 对象.方法()：表示调用类中的方法。

我们在文件 5.1 中定义了 Student 类，下面创建一个具体的学生对象。

【文件 5.2】 StuTest.java

```
1.  public class StuTest {
2.      public static void main(String[] args) {
3.          //TODO Auto-generated method stub
4.          //创建对象   类名   对象名=new 类名();
5.          Student stu = new Student();
6.          //为对象的属性赋值
7.          stu.name = "赵丽丽";
8.          stu.age = 22;
9.          stu.sex ="女";
10.         //使用对象的属性
11.         System.out.println("学生的姓名是:" + stu.name);
12.         //使用对象的方法
13.         stu.showInfo();
14.     }
15. }
```

需要注意的是，类的对象创建需要分配内存空间，而变量stu同样需要空间存储，但这二者存储的地方不一样，我们可以从内存的角度分析。首先，给出两种内存空间的概念：

（1）堆内存：保存对象的属性内容。堆内存需要用new关键字来分配空间。

（2）栈内存：保存的是堆内存的地址（为了分析方便，可以简单理解为栈内存保存的是对象的名字）。

对应以上概念，变量stu被保存在栈内存，而用new创建的对象被存储在堆内存。

实际开发中经常会出现多个引用指向同一个对象，即堆内存中存储的对象归几个变量共享，例如：

```
Student s1 = new Student();
s1.age = 22;
Student s2 = s1;
Student s3 = s2;
s3.age = 10;
```

s1、s2、s3 指向同一个学生对象，s3 年龄修改后，其他两个变量的年龄同时被修改。

5.3 构造函数和重载

5.3.1 Java中的构造函数

构造函数是对象被创建时初始化对象的成员方法，具有和它所在的类完全一样的名字。构造函数只能有入口参数，没有返回类型，因为一个类的构造函数的返回类就是类本身。构造函数定义后，创建对象时就会自动调用它，对新创建的对象分配内存空间和初始化。在Java中，构造函数也可以重载。当创建一个对象时，JVM会自动根据当前对方法的调用形式，在类的定义中匹配形式符合的构造方法，匹配成功后执行该构造方法。

【文件 5.3】 Dog.java

```
1.  public Class Dog
2.  {
3.      private int age;
4.      private String name;
5.      //无参构造
6.      public Dog(){}
7.      //带参构造:用于给类中的属性赋值
8.      public Dog(int age, string name)
9.      {
10.         this.age=age;
11.         this.name=name;
12.     }
13.
14. }
```

5.3.2 Java中的默认构造方法

如果省略构造方法的定义，则Java会自动调用默认的构造方法。如果定义了构造方法，则系统不再提供默认的构造方法。默认的构造方法没有任何参数，不执行任何操作。实际上，默认的构造方法的功能是调用父类中不带参数的那个构造方法,如果父类中不存在这样的构造方法，编译时就会产生错误信息。Object是Java中所有类的根，定义它的直接子类可以省略extends子句，编译器会自动包含它。

5.3.3 构造方法及其重载

Java中的函数即方法，方法名称相同、参数项不相同，就认为一个方法是另一个方法的重载方法。

注意：重载只跟参数有关，与返回类型无关。方法名和参数相同，而返回类型不同，不能说是重载。

```
public void Say(int age){}
public int Say(int age,string name){}
public String Say(String name,String age){}
```

构造方法重载是方法重载的一个典型特例，也是参数列表不同。

可以通过重载构造方法来表达对象的多种初始化行为。也就是说，在通过new语句创建一个对象时，可以实现在不同的条件下让不同的对象具有不同的初始化行为。

【文件 5.4】 Text.java

```
1.  public Class Text
2.  {
3.      Private String name;
4.      Private String sex;
5.      Public Text(String name){
6.          this.name=name;
7.      }
```

```
8.      Public Text(String name,String sex){
9.          this.name=name;
10.         this.sex=sex;
11.     }
12. }
```

当创建对象时,编译器会根据传入参数的个数和类型选择相应的构造方法。

5.4 成员变量、局部变量、this关键字

成员变量是属于某个类中定义的变量,在整个类中有效。成员变量可分为以下两种:

- 类变量:又称静态变量,用static修饰,可直接用类名调用。所有对象的同一个类变量都是共享同一块内存空间的。
- 实例变量:不用static修饰,只能通过对象调用。所有对象的同一个实例变量共享不同的内存空间。

局部变量(Local Variables)指在方法体中定义的变量以及方法的参数,只在定义的方法内有效。局部变量是相对于全局变量而言的。注意,当实例变量与局部变量同名时,在定义局部变量的子程序内局部变量起作用,在其他地方实例变量起作用。

this 关键字用来表示当前对象本身,或当前类的一个实例,有很多使用场合。

1. this可以调用本对象的所有方法和属性

【文件 5.5】 Demo.java

```
1.  public class Demo{
2.      public int x = 10;
3.      public int y = 15;
4.      public void sum(){
5.          //通过this获取成员变量
6.          int z = this.x + this.y;
7.          System.out.println("x + y = " + z);
8.      }
9.      public static void main(String[] args) {
10.         Demo obj = new Demo();
11.         obj.sum();
12.     }
13. }
```

运行结果如下:

```
x + y = 25
```

在上面的程序中,obj是Demo类的一个实例,this与obj等价,执行int z = this.x + this.y;语句就相当于执行int z = obj.x + obj.y;。需要注意的是,this只有在类实例化后才有意义。

2. 使用this区分同名变量

成员变量与方法内部的变量重名时，希望在方法内部调用成员变量时只能使用this。示例如下：

【文件 5.6】 Demo1.java

```
1.  public class Demo1{
2.      public String name;
3.      public int age;
4.      public Demo1(String name, int age){
5.          this.name = name;
6.          this.age = age;
7.      }
8.      public void say(){
9.          System.out.println("网站的名字是" + name + ", 已经成立了" + age + "年");
10.     }
11.     public static void main(String[] args) {
12.         Demo1 obj = new Demo1("学习网", 3);
13.         obj.say();
14.     }
15. }
```

运行结果如下：

网站的名字是学习网，已经成立了 3 年

形参的作用域是整个方法体，是局部变量。在 Demo()中，形参和成员变量重名，如果不使用 this，访问到的就是局部变量 name 和 age，而不是成员变量。在 say()中，我们没有使用 this，因为成员变量的作用域是整个实例，当然也可以加上 this：

```
public void say(){
    System.out.println("网站名字是" + this.name + ", 已经成立了" + this.age + "年");
}
```

Java 默认将所有成员变量和成员方法与 this 关联在一起，因此使用 this 在某些情况下是多余的。

3. 作为方法名来初始化对象

相当于调用本类的其他构造方法，它必须作为构造方法的第一句。示例如下。

【文件 5.7】 Demo2.java

```
1.  public class Demo2{
2.      public String name;
3.      public int age;
4.      public Demo2(){
5.          this("学习网", 3);
6.      }
7.      public Demo2(String name, int age){
8.          this.name = name;
9.          this.age = age;
10.     }
```

```
11.     public void say(){
12.         System.out.println("网站的名字是" + name + ",已经成立了" + age + "年");
13.     }
14.     public static void main(String[] args) {
15.         Demo2 obj = new Demo2();
16.         obj.say();
17.     }
18. }
```

运行结果如下:

网站的名字是学习网,已经成立了 3 年

需要注意的是:

- 在构造方法中调用另一个构造方法,调用动作必须置于起始位置。
- 不能在构造方法以外的任何方法内调用构造方法。
- 在一个构造方法内只能调用一个构造方法。
- 上述代码涉及方法重载,即Java允许出现多个同名方法,只要参数不同就可以。

5.5 实训5:商品价格计算

1. 需求说明

编写一个实现商品价格计算的程序,能够输出3个商品的信息,包括名称、价格、种类以及买10份本商品后的优惠价(该优惠价为10×商品价格×0.9)。

2. 训练要点

(1)理解面向对象的三大特征。
(2)掌握类的声明方法和构造方法。
(3)掌握对象的创建方法与创建机制。

3. 实现思路

(1)设计一个商品类,有商品名称、种类和价格等属性。定义商品类的构造方法,根据商品信息进行总价计算。
(2)设计一个测试方法,输出购买该商品的总价。

4. 解决方案及关键代码

(1)编写商品类,定义商品属性:

```
public class Stock {
    //定义属性
    public int id;
    public String name;
    public float price;
    public String type;
```

（2）构造总价格计算方法：

```
public void charge(float price)
{
    this.price = price;
    public String type;
```

（3）在测试类中调用商品类的属性和方法，并输出结果。

```
public class StockTest {
    public static void main(String[] args) {
        this.price = price;
        public String type;
        System.out.println("商品信息:" + stk.name);
        stk.showInfo();
        stk.charge(stk.price);

    }
}
```

5.6 本章总结

本章是Java面向对象编程的入门章节，首先从类和对象的基本含义入手，并与实际生活相联系，体现Java语言本身一切皆对象的特性。然后讲解了类的设计，包括类的基本组成和组成部分的具体意义。接着介绍了对象的创建、构造方法、this关键字的具体内容，尤其是构造方法初始化特性和构造方法的重载部分是非常重要的。通过本章的学习会对Java的类或者对象这样的独立概念理解到位，为接下来学习类之间的关系（继承、多态）打下基础。

5.7 课后练习

简述构造方法的特点以及构造方法和普通方法的区别。

第 6 章
Java的继承和多态

继承是面向对象的三大特性之一。在继承中，子类和父类之间满足is a的关系。如果类A是类B的子类，则A类可以通过继承B类实现。继承的关键字是extends。在Java中，一个类只能直接继承一个父类，但可以通过多层继承的方式实现类之间的层次关系。如图6-1所示就是一个多层的继承关系。

在Java中，所有的类都是java.lang.Object类的子类，无论是否使用extends继承Object类，都默认为java.lang.Object类的子类。当一个类继承了某个类以后，就会从父类中继承protected、public修饰的成员变量和成员函数。所以，所有的类都默认拥有java.lang.Object类中被public、protected修饰的函数。本章将会讲解从Object中继承的函数、重写父类的函数。

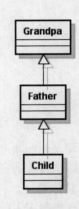

图6-1 类的继承关系

多态是建立在继承和重写基础上的，允许不同类的对象对同一消息做出响应，即同一消息可以根据发送对象的不同，而采用多种不同的行为方式。本章我们会理解多态的意义，并真正学会在实际应用中使用多态设计。

6.1 Java的继承

继承的关键字为extends，表示一个类是另一个类的子类。继承主要用于扩展类的功能，一般子类通过继承父类扩展或增强父类的功能。继承的代码如下：

```
public class Child extends Father{
}
```

其中，Child类为子类，继承了Facther类。在Java中，只允许单一继承，即只允许一个类直接继承一个父类。以下代码多次使用继承会出现编译错误：

```
public class Child extends Father,Mother{....}  //在继承关键字后面有两个类，编译失败
public class Child extends Father extends Mother{...}  //出现两个 extends 关键字，编
译失败
```

在 Java 中，很多类之间都存在继承关系。如图 6-2 所示，Integer、Double、Float 的父类都是 Number，它们都在 java.lang 包中。

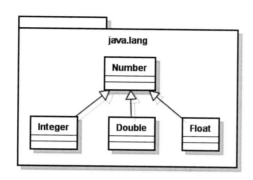

图6-2

当一个类继承了另一个类以后，就从父类中继承了protected、public的方法和成员变量。例如，以下示例代码展示出子类使用了父类的成员函数和成员变量。

【文件 6.1】　Father.java、Child.java

```
1.  public class Father{
2.      public String name = "Jack";
3.      public void say(){
4.          System.out.println("HelloWorld");
5.      }
6.  }
7.  //子类继承父类
8.  public class Child extends Facher{
9.
10. }
11. //开发一个其他类实例化 Child
12. public class Demo{
13.     public static void main(String[] args){
14.         //实例化 Child 类
15.         Child child = new Child();
16.         System.out.println(child.name);  //继承父类的 name，输出 Jack
17.         child.say();//子类从父类中继承 say 函数，输出 HelloWorld
18.     }
19. }
```

如果父类与子类在同一个包中，则子类会继承父类的 public、protected、默认的成员变量和函数。如果子类与父类不在同一个包中，则子类继承父类的 public、protected 的成员变量和函数。默认情况下，我们所讨论的类都不在同一个包中。如果一个函数或者成员变量被 protected 修饰，那么它的隐含意义就是让子类继承。

静态的函数和成员变量不会被子类继承，建议使用静态方式来访问，即使用"类名."的形式来调用。

构造方法不会被子类继承,每一个类都拥有自己的构造方法。

6.2 重 写

重写(Override)也叫覆盖,是指子类拥有与父类完全相同的函数。重写只出现在函数中。如果子类的函数与父类的函数存在以下特点,则子类重写了父类的函数:

- 函数名相同。
- 函数参数的顺序、个数、数量、类型完全相同。

以下示例展示子类重写了父类的函数。

【文件 6.2】　　Father1.java、Child1.java

```
1.  public class Father1{
2.      public void say(){
3.      }
4.  }
5.  public class Child1 extends Father1{
6.      public void say(){//子类拥有与父类完全相同的函数,此时子类即重写了父类的函数
7.      }
8.  }
```

值得注意的是,在重写父类的函数时,子类不能降低父类的权限修饰,但可以提升权限修饰符,即如果从父类中继承了一个 protected 的函数,则子类在重写父类的函数时,不能将 protected 降低为 private 或默认,但可以提升为 public。例如,在以下代码中,由于子类降低了父类函数的访问修饰符,因此会导致编译出错。

【文件 6.3】　　Father2.java、Child2.java

```
1.  public class Father2{
2.      public void say(){
3.      }
4.  }
5.  public class Child2 extends Father2{
6.      void say(){//子类将父类的public权限修饰符降低为默认,编译出错
7.      }
8.  }
```

子类在重写父类的函数时,不能比父类抛出更多的异常(关于异常将在后面的章节讲解)。例如,在下面的代码中,子类抛出比父类更多的异常,同样会导致编译出错。

【文件 6.4】　　Father4.java、Child4.java

```
1.  public class Father3{
2.      public void say(){
3.      }
4.  }
5.  public class Child3 extends Father3{
```

```
6.     //父类的函数并没有异常，但子类重写以后抛出了异常，所以编译出错
7.     public void say() throws Exception{}
8. }
```

6.2.1 重写toString

通过重写父类的函数可以达到自己想要的结果，比如在Java中所有类的父类都是java.lang.Object。所以，在Object类中的所有public、protected函数都会被子类继承。Object类的结构如图6-3所示。

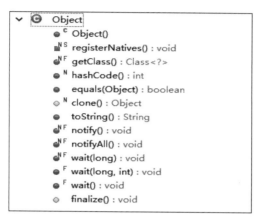

图6-3　Object类的结构

通过图6-3可以看出，Object类的toString、equals等都是public函数。所以，所有的类都拥有这两个函数。如果子类没有重写父类的函数，那么在调用时将会调用父类的函数。

【文件6.5】　User.java

```
1. public class User{
2. }
3. public class Demo2{
4.     public static void main(String[] args){
5.     User user = new User();
6.     String str = user.toString(); //标记行1
7.     System.out.println(str);
8.     }
9. }
```

在上面的代码中，user类并没有toString函数，但在main函数中依然调用了toString函数。这个toString函数就是从Object类中继承过来的。查看Object类中toString函数的源代码：

```
public String toString() {
    return getClass().getName() + "@" + Integer.toHexString(hashCode());
}
```

通过上面的源代码，我们知道toString的默认实现就是输出类名+@+类的内存地址的表示。所以，上述代码的输出结果如下：

```
somepackage.User@xxxxx
```

在 Java 中，将任意对象转成字符串，如与字符串串联，默认都会调用 toString 函数。所以，以下两行代码等效：

```
String str = user.toString();
String str = ""+user;//此名将会默认调用 toString 函数
```

有时，我们对于 toString 输出的结果并不满意。此时，可以通过重写 toString 函数的方式实现输出自己的结果。现在让我们来重写 toString 函数，然后通过相同的代码查看输出的结果：

```
public class User{
    public String toString(){
        return "this is User";
    }
}
```

如果再次调用：

```
User user = new User();
String str = user.toString();
```

或者调用：

```
String str = ""+user;
```

则 str 的结果将是 this is user 这个字符串，就是通过重写父类的 toString 函数实现了自己想要的结果。

6.2.2 重写 equals

任何对象都拥有 equals 函数，我们曾经讲过，对于比较两个 String 对象是否相同，应该使用 equals 比较其内部的内容。请看以下代码：

```
1.   class User{
2.      private String name;
3.      User(String name){
4.          this.name=name;
5.      }
6.   }
```

先实例化两个对象，并传递相同的名称：

```
User user1 = new User("Jack");
User user2 = new User("Jack");
```

再通过两种方式比较上面的两个对象：

```
boolean boo1 = user1==user2;//结果为 false
Boolean boo2 = user1.equals(user2);//结果为 false
```

经过上面的比较，两个结果都是 false。使用==时，是比较两个对象的内存地址是否相同，因为两个对象分别在不同的内存空间中，所以内存并不相同，结果为 false。第二次使用 equlas 时，由于并没有重写 User 类的 equals 函数，因此会调用 Object 类的 equals 函数。Object 类的 equals 源代码如下：

```
public boolean equals(Object obj) {
    return (this == obj);
}
```

如果没有重写父类的 equals，依然比较两个对象的内存地址，那么第二次比较结果依然是 false。如果希望比较里面的内容，即比较 name 的值，那么只能是通过重写 equals 函数的方法加以实现。在重写 equals 之前，让我们先来学习一下 instanceof 关键字。

instanceof 关键字用于比较某个引用是否是某种类型。例如，存在以下继承关系：

```
class Grandpa{
}
class Father extends Grandpa{
}
class Child extends Father{
}
```

如果通过 instanceof 来判断某个引用是不是某个类型的实例，则可以使用以下代码：

```
Child child = new Child();
boolean boo1 = child instanceof Child;
boolean boo2 = child instanceof Father;
boolean boo3 = child instanceof Grandpa;
```

在上面的比较中，3 个 boolean 值的结果都是 true。这是因为 child 变量的类型为 Child，既属于 Child 又属于 Father 和 Grandpa。同时，所有的对象都是 Object 类的子类，所以任意变量执行 instanceof Object 的结果都是 true。即：

```
boolean boo4 = user instanceof Object;
```

下面重写 equals，比较 User 类内部的内容，并将类名改为 User2。

【文件 6.6】 User2.java

```
1.  class User2{
2.      private String name;
3.      User2(String name){
4.          this.name=name;
5.      }
6.      public boolean equals(Object other){
7.          if(this==other){//如果内存地址一样，则直接返回 true
8.              return true;
9.          }else{
10.             if(other instanceof User){//如果是 User 类型，就再比较里面的内容
11.                 //类型转换
12.                 User2 user2 = (User2)other;
13.                 //比较里面的内容
14.                 if(user2.name.equals(this.name)){//如果名称一样，则返回 true
15.                     return true;
16.                 }else{//否则返回 false
17.                     return false;
18.                 }
19.             }else{
20.                 return false;//如果不是 User 类型，则直接返回 false，即无法比较
21.             }
22.         }
```

```
23.    }
24. }
```

下面通过 equals 比较一下 User 对象：

```
User2 user1 = new User2("Jack");
User2 user2 = new User2("Jack");
boolean boo1 = user1==user2;//false
boolean boo2 = user1.equals(user2);//true
```

重写 equals 后，user1.equals(user2)的结果已经为 true。在 Java 类中，很多类（如 String、Integer、Double 等）都重写了 equals 函数，所以使用这些对象的 equals 函数将会比较对象中的内容。

6.3 类型转换

类型转换发生在有继承关系的两个对象之间。存在的继承关系如图6-4所示。

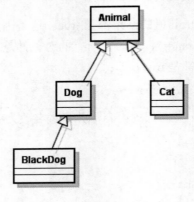

图6-4

用代码实现上述类的关系，代码如下。

【文件 6.7】 Animal.java、Dog.java、Cat.java、BlackDog.java

```
public class Animal{
}
public class Dog extends Animal{
}
public class Cat extends Animal{
}
public class BlackDog extends Dog{
}
```

让我们来看一个实现和继承关系。首先声明父类的变量 animal 指向子类的实例，在编译时 animal 变量为 Animal 类型，但本质指向的是 BlackDog 的实例。由于 BlackDog 是 Animal 的子类，因此以下代码可以正常编译通过：

```
Animal animal = new BlackDog();
```

将 animal 变量转成 Dog 类型，由于是向下转换，因此必须在编译时使用 (Dog) 进行类型强制转换。以下代码编译和运行都是可以的：

```
Dog dog = (Dog)animal;
```

还可以将 animal 转成 BlackDog 的类型，因为在本质上 animal 指向的内存就是 BlackDog 的实例。以下代码编译和运行都是可以的：

```
BlackDog blackDog = (BlackDog)animal;
```

新建一个对象 animal2，在编译时 animal2 依然是 Animal 类型，但指向的是子类 Dog 的实例。

```
Animal animal2 = new Dog();
```

可以将 animl2 转换成 Dog 类型，因为 animal2 本质指向的就是 Dog 对象的实例，但依然需要使用 (Dog) 进行类型强制转换：

```
Dog dog2 = (Dog)animal2;
```

不能将 animal2 转换成 BlackDog，因为 animal2 不是 BlackDog 的实例。所以，能否转换成某个对象要看这个对象所表示的实际对象是哪一个。以下代码虽然编译通过，但是将会在运行时出错：

```
BlackDog blackDog2 = (BlackDog)animal2;
```

让 Cat 也参与进来，先声明 Cat 的实例，具体如下：

```
Animal cat = new Cat();
```

目前 cat 变量是 Animal 类型，但指向的是 Cat 的实例。所以，以下代码可以编译和运行通过，即将 cat 转换成 Cat 类型。

```
Cat cat = (Cat)cat;
```

由于 Cat 与 Dog 没有直接继承关系，因此 cat 不能向 Dog 进行强制类型转换。以下代码同样编译通过，但是运行会出错：

```
 Dog dog = (Cat)cat;
```

对于类型转换来说，所有的类型默认都是可以向上转换的，例如：

```
Dog dog = new Dog();
```

由于 animal 是 Dog 的父类，因此可以直接将 dog 赋值给 Animal。

```
Animal animal = dog;
```

由于 Java 中的所有对象都是 object 的子类，因此 Object 对象等于任何对象都是可以的。例如：

```
Object obj = animal;
```

6.4 super关键字

super 关键字表示父类对象的引用，一般有两种功能。

（1）访问父类被隐藏的成员变量或函数。如果子类拥有与父类相同的成员变量（这里的成员变量不包含private或者默认的，因为那样子类并不能继承父类的成员变量），就叫作子类隐藏了父类的成员变量。注意，成员变量没有重写的概念。如果子类隐藏了父类的成员变量，就可以使用super关键字访问父类的成员变量，如以下代码所示。

【文件 6.8】 Father4.java、Child4.java

```java
public class Father4{
    public String name ="Jack";
}
public class Child4 extends Facher4{
    public String name = "Mary";           //子类的成员变量隐藏了父类的成员变量
    public void say(){
        System.out.println(name);          //将输出 Mary
        System.out.println(super.name);    //将输出 Jack
    }
}
```

在上面的代码中，最后一行输出语句使用 super.name 输出了父类的成员变量（前提是可以被访问到的情况下，一般指父类的 public、protected 修饰符修饰的变量）。

（2）在子类的构造函数中调用父类的构造函数。在子类的构造函数中，可以通过super()的方式调用父类指定的构造函数。如果出现super()，则只能出现在子类的构造函数中，且必须是第一句代码，注释除外。现在让我们来查看一个使用super()的示例。

【文件 6.9】 Father5.java、Child5.java

```java
public class Father5{
    public Father5(){
        System.out.println("Father");
    }
}
public class Child5 extends Father5{
    public Child5(){
        //子类可以在第一句通过super()调用父类的构造函数
        super();
        System.out.println("Child");
    }
}
```

实例化子类：

```java
Child5 child = new Child5();
```

此时输出的结果如下：

```
Father
Child
```

也就是说，先执行父类的构造函数，再执行子类的构造函数。在子类中，没有 super()也会调用父类的默认构造函数。那为什么要用 super()呢？如果父类没有默认构造函数，则子类必须显式调用父类的某个构造函数，否则将会编译出错。

【文件 6.10】　　Father6.java、Child6.java

```java
public class Father6{
   public Father6(String name){
       System.out.println("Father");
   }
}
public class Child6 extends Father6{
   public Child6(){
       //子类可以在第一句通过super()调用父类的构造函数
       super("Jack");
       System.out.println("Child");
   }
}
```

在上面的代码中，由于父类并没有默认的构造函数，因此子类必须在所有的构造函数中使用 super()的方式来调用父类的有参数构造函数，此时子类构造函数中的 super()语句就不能被删除，如果删除，则子类将会编译出错。

6.5 多　　态

6.5.1 多态的定义

多态是指程序中定义的引用变量所指向的具体类型和通过该引用变量发出的方法调用在编程时并不确定，而是在程序运行期间才能确定，即一个引用变量到底会指向哪个类的实例对象，该引用变量发出的方法调用到底是哪个类中实现的方法，这必须在程序运行期间决定。因为在程序运行时才能确定具体的类，所以不用修改源程序代码就可以让引用变量绑定到各种不同的类实现上，从而导致该引用调用的具体方法随之改变，即不修改程序代码就可以改变程序运行时所绑定的具体代码，让程序可以选择多个运行状态，这就是多态性。

比如你对酒情有独钟。某日回家发现桌上有几个杯子里面都装了白酒，从外面看我们不可能知道这是什么酒，只有喝了之后才能够猜出来。喝一口，是剑南春；再喝一口，是五粮液；再喝一口，是酒鬼酒……我们可以描述成如下形式：

```
酒 a = 剑南春
酒 b = 五粮液
酒 c = 酒鬼酒
```

这里所表现的就是多态。"剑南春""五粮液""酒鬼酒"都是"酒"的子类，我们通过"酒"这个父类就能够引用不同的子类，这就是多态——我们只有在运行的时候才会知道引用变量所指向的具体实例对象。

要理解多态，就必须明白什么是"向上转型"。简单来说，就是一个子类的对象赋值给一个父类的变量。酒（Wine）是父类，剑南春（JNC）、五粮液（WLY）、酒鬼酒（JGJ）是子类。我们定义如下代码：

```
JNC a = new JNC();
```

对于这行代码，非常容易理解，无非就是实例化了一个"剑南春"的对象。如果定义为：

```
Wine a = new JNC();
```

那么这里定义了一个 Wine 类型的 a，指向 JNC 对象实例，由于 JNC 是继承自 Wine 的，因此 JNC 可以自动向上转型为 Wine，a 是可以指向 JNC 实例对象的。这样做存在一个非常大的好处，就是在继承中我们知道子类是父类的扩展，它可以提供比父类更加强大的功能。如果我们定义了一个指向子类的父类引用类型，那么它除了能够引用父类的共性外，还可以使用子类强大的功能。

向上转型存在一些缺憾，就是它必定会导致一些方法和属性的丢失，从而导致我们不能够获取它们。所以，父类类型的引用可以调用父类中定义的所有属性和方法，对于只存在于子类中的方法和属性就望尘莫及了。

【文件 6.11】 Wine.java、JNC.java、Test.java

```
1.   public class Wine {
2.       public void fun1(){
3.           System.out.println("Wine 的 Fun...");
4.           fun2();
5.       }
6.       public void fun2(){
7.           System.out.println("Wine 的 Fun2...");
8.       }
9.   }
10.  public class JNC extends Wine{
11.      /**
12.       * @desc 子类重载父类方法
13.       *       父类中不存在该方法，向上转型后，父类是不能引用该方法的
14.       * @param a
15.       * @return void
16.       */
17.      public void fun1(String a){
18.          System.out.println("JNC 的 Fun1...");
19.          fun2();
20.      }
21.      /**
22.       * 子类重写父类方法
23.       * 指向子类的父类引用调用 fun2 时，必定会调用该方法
24.       */
25.      public void fun2(){
26.          System.out.println("JNC 的 Fun2...");
```

```
27.     }
28. }
29.
30. public class Test {
31.     public static void main(String[] args) {
32.         Wine a = new JNC();
33.         a.fun1();
34.     }
35. }
```

输出的结果如下：

```
Wine 的 Fun...
JNC 的 Fun2...
```

从程序的运行结果中可以发现，a.fun1()首先运行父类 Wine 中的 fun1()，然后运行子类 JNC 中的 fun2()。

分析：在这个程序中，子类JNC重载了父类Wine的方法fun1()，重写fun2()，而且重载后的fun1(String a)与fun1()不是同一个方法。由于父类中没有该方法，向上转型后会丢失，因此执行JNC的Wine类型引用是不能引用fun1(String a)方法的。子类JNC重写了父类的fun2()，指向JNC的Wine引用就会调用JNC中的fun2()方法。

对于多态，我们可以总结如下：

指向子类的父类引用向上转型了，它只能访问父类中拥有的方法和属性；对于子类中存在而父类中不存在的方法，该引用是不能使用的，尽管重载了该方法。若子类重写了父类中的某些方法，在调用这些方法时，必定会使用子类中定义的这些方法（动态连接、动态调用）。

对于面向对象而言，多态分为编译时多态和运行时多态。其中，编译时多态是静态的，主要是指方法的重载，根据参数列表的不同来区分不同的函数，通过编译之后会变成两个不同的函数，在运行时谈不上多态。运行时多态是动态的，它是通过动态绑定来实现的，也就是我们所说的多态性。

6.5.2 多态的实现

1. 实现条件

继承为多态的实现做了准备。子类Child继承父类Father，我们可以编写一个指向子类的父类类型引用，该引用既可以处理父类Father对象，也可以处理子类Child对象，当相同的消息发送给子类或者父类对象时，该对象就会根据自己所属的引用而执行不同的行为，这就是多态。多态性就是相同的消息使得不同的类做出不同的响应。

Java 实现多态有 3 个必要条件：继承、重写、向上转型。

- 继承：在多态中必须存在有继承关系的子类和父类。
- 重写：子类对父类中某些方法进行重新定义，在调用这些方法时就会调用子类的方法。
- 向上转型：在多态中需要将子类的引用赋给父类对象，只有这样该引用才能够调用父类和子类的方法。

只有满足了上述 3 个条件，才能够在同一个继承结构中使用统一的逻辑实现代码处理不同的对象，从而达到执行不同的行为。

对于Java而言，多态的实现机制遵循一个原则：当超类变量引用子类对象时，被引用对象的类型而不是引用变量的类型决定了调用谁的成员方法，但是这个被调用的方法必须是在超类中定义过的，也就是说被子类覆盖的方法。

2. 实现形式

基于继承的实现机制主要表现在父类和继承该父类的一个或多个子类对某些方法的重写，多个子类对同一方法的重写可以表现出不同的行为。

【文件 6.12】 Wine2.java、JNC2.java、JGJ.java、Test2.java

```java
1.  public class Wine2 {
2.      private String name;
3.
4.      public String getName() {
5.          return name;
6.      }
7.      public void setName(String name) {
8.          this.name = name;
9.      }
10.     public Wine2(){
11.     }
12.     public String drink(){
13.         return "喝的是 " + getName();
14.     }
15.
16.     /**
17.      * 重写toString()
18.      */
19.     public String toString(){
20.         return null;
21.     }
22. }
23. public class JNC2 extends Wine2{
24.     public JNC2(){
25.         setName("JNC");
26.     }
27.
28.     /**
29.      * 重写父类方法，实现多态
30.      */
31.     public String drink(){
32.         return "喝的是 " + getName();
33.     }
34.
35.     /**
36.      * 重写toString()
37.      */
38.     public String toString(){
39.         return "Wine : " + getName();
40.     }
```

```
41.  }
42.  public class JGJ extends Wine2{
43.      public JGJ(){
44.          setName("JGJ");
45.      }
46.
47.      /**
48.       * 重写父类方法,实现多态
49.       */
50.      public String drink(){
51.          return "喝的是 " + getName();
52.      }
53.      /**
54.       * 重写toString()
55.       */
56.      public String toString(){
57.          return "Wine : " + getName();
58.      }
59.  }
60.  public class Test2 {
61.      public static void main(String[] args) {
62.          //定义父类数组
63.          Wine2[] wines = new Wine2[2];
64.          //定义两个子类
65.          JNC2 jnc = new JNC2();
66.          JGJ jgj = new JGJ();
67.          //父类引用子类对象
68.          wines[0] = jnc;
69.          wines[1] = jgj;
70.          for(int i = 0 ; i < 2 ; i++){
71.              System.out.println(wines[i].toString() + "--" + wines[i].drink());
72.          }
73.          System.out.println("-----------------------------");
74.      }
75.  }
```

输出的结果如下:

```
Wine : JNC--喝的是 JNC
Wine : JGJ--喝的是 JGJ
```

在上面的代码中,JNC2、JGJ 继承自 Wine2,并且重写了 drink()、toString()方法。程序运行的结果显示调用的是子类中的方法,输出了 JNC2、JGJ 的名称,这就是多态的表现。不同的对象可以执行相同的行为,但是它们都需要通过自己的实现方式来执行,这要得益于向上转型。

我们都知道所有的类都继承自超类 Object。toString()方法也是 Object 中的方法,当我们这样写时:

```
Object o = new JGJ()
System.out.println(o.toString());
```

输出的结果是:

```
Wine : JGJ
```

Object、Wine2、JGJ 三者的继承链关系是：JGJ→Wine2→Object。所以，可以这样说：当子类重写父类的方法被调用时，只有对象继承链中最末端的方法会被调用。注意，如果这样写：

```
Object o = new Wine2();
System.out.println(o.toString());
```

输出的结果应该是 Null，因为 JGJ 并不存在于该对象继承链中。

基于继承实现的多态可以总结为：对于引用子类的父类类型，在处理该引用时，它适用于继承该父类的所有子类，子类对象不同，对方法的实现也不同，执行相同动作产生的行为也就不同。

6.6 实训6：输出不同商品信息

1．需求说明

编写一个实现商品信息输出展示的程序，能够输出两种不同类型的商品：普通商品和特价商品的名称和价格。

2．训练要点

（1）熟悉Java继承和多态这两种Java的重要特性及应用方法。
（2）掌握重写的使用方法。

3．实现思路

（1）定义一个商品类，该类的属性包括商品的名称和单价。
（2）定义两个继承自商品的子类：普通商品和特价商品，重写商品类中的方法。
（3）设计一个测试方法，输出普通商品和特价商品的名称和价格。

4．解决方案及关键代码

（1）编写商品类，定义商品属性：

```
class shop{
   private String name;
   private float price;
```

（2）编写商品类的子类，继承商品类，重写商品类中的方法，输出商品名称和价格：

```
public class market1 extends shop{
    private String name;  //商品的名称
    private float price;  //商品的价格
    this.price = price;
    public String type;
    public String toString()
    {
        return "商品的名称为"+name+", 价格是"+price+"元/斤\n";
    }
```

（3）在测试类中实例化子类的成员属性，调用重写的方法，并输出结果。

```
market1 stock = new market1("鸡蛋", (float) 6.5);
market2 stock2 = new market2("面包", (float) 8.0);
```

6.7 本章总结

　　继承和多态是Java的重要特性。本章首先讲解了如何使用extends关键字继承另一个类，成为子类，然后讲解了如何使用重写来修改父类的成员函数。其中java.lang.Object是所有类的父类，所以所有类默认都拥有从object类中继承的成员函数，这里重点讲解了如何重写toString和equals两个函数。

　　在6.2.2小节讲解equals时还讲解了如何使用instanceof判断一个对象是否是某种类型。在类型转换部分，讲解了类的多层继承与转换（要准确地了解对象之间的转换关系）。在多态部分，讲解了多态的定义及其前提条件，并通过实例阐述了多态是如何实现的。

6.8 课后练习

1. 简述什么是方法重写。
2. 简述多态的含义。

第 7 章
Java抽象类和接口

为了让开发的软件具备更好的可扩展性，Java中引入了面向抽象的编程理念。abstract关键字用于修饰类和函数，当修饰一个类时，表示这个类为抽象类。抽象类一般位于继承关系的上层，表示非具体的事务即为抽象。抽象类可以修饰成员函数，被抽象关键字修饰的成员函数不能有函数体。在Java中经常用抽象关键字修饰函数，表示子类在继承了抽象类以后必须实现的函数。

7.1 Java抽象类

抽象类是指被 abstract 修饰的类。抽象类表示非具体的事物，所以不能被实例化。例如：

```
public abstract class Animal{
}
```

上述代码用抽象关键字修饰了 Animal 类，直接实例化 Animal 类将会编译出错：

```
Animal animal = new Animal();
```

抽象类表示类层次的抽象层，如图7-1所示。Animal不能表示具体的动物，一般使用抽象类来表示。抽象类的主要功能也是让子类继承并实现抽象函数。

抽象类虽然不能被实例化，但是依然可以拥有构造函数。在构造函数或非静态的方法中，依然可以使用this关键字，但此时的this关键字表示的是它的子类对象。

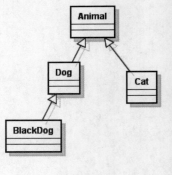

图7-1

【文件 7.1】 Animal.java、Dog.java、Demo.java

```
public abstract class Animal{
    Animal(){
        System.out.println(this);
```

```
    }
}
public class Dog extends Animal{
}
```

现在声明一个类实例化 Dog 类：

```
public class Demo{
    public static void main(String[] args){
        Dog dog = new Dog();
    }
}
```

在实例化时会先调用父类的构造函数，此时在父类的构造函数中输出 this 对象为 Dog@xxxx 样式的内存地址，即为 Dog 类。

注意，在抽象类中既可以拥有抽象函数，也可以没有抽象函数。如果一个函数是抽象的，则它所在的类必须是抽象类。

7.2　Java抽象方法

abstract抽象关键字还可以修饰函数。当使用abstract修饰一个成员函数时，此函数不能有函数体，且抽象函数必须位于抽象类中。

【文件 7.2】　　Animal1.java、Cat.java

```
public abstract class Animal1{
    pubilc abstract void eatSth();//抽象函数，不能有函数体
}
```

如果一个类继承了抽象类，就必须实现抽象类中的抽象函数：

```
public class Cat extends Animal1{
    public void eatSth(){
        System.out.println("cat eat fish..");
    }
}
```

正如上面的代码，Cat 类继承了 Animal1 抽象类，而 Animal1 抽象类中拥有一个抽象函数 eatSth，此时 Cat 就必须实现这个 eatSth 函数。所以，抽象函数是要求子类必须实现的函数。也可以通过这种方式定义子类必须实现的规范。

当继承关系上有多个抽象类时，必须实现抽象类中所有的抽象函数。

【文件 7.3】　　Animal2.java、Cat2.java、SmallCat.java

```
public abstract class Animal2{
    public abstract void run();
}
public abstract class Cat2 extends Animal2{
    public abstract void eat();
}
```

```
public class SmallCat extends Cat2{
    public void run(){
    }
    public void eat(){
    }
}
```

在上面的代码中，由于 Cat2 也是抽象类，因此可以不用实现 Animal2 的函数 run。但是 SmallCat 是非抽象类，又由于在继承关系上有多个没有实现的抽象函数，因此 SmallCat 必须实现所有没有实现的抽象函数，即在 SmallCat 中实现 run 和 eat 两个函数，否则将会编译出错。

7.3 实训7：简易超市购物系统

1. 需求说明

编写一个超市购物系统，输入购买商品对象的数量，能够输出总的花费金额。

2. 训练要点

（1）综合练习前两章学习的内容。
（2）熟悉Java抽象类的重要特性及应用方法。

3. 实现思路

（1）设计一个抽象商品类，有商品名称、种类和价格等属性，同时定义抽象方法，用于计算商品总价。
（2）定义两个不同类型的商品子类：生鲜类，零食类，均继承自商品类，继承父类的抽象方法，定义该方法，能够计算出购买某类商品的总价。
（3）编写一个创建子类对象的代码，实例化多种商品对象，传入商品的信息。
（4）编写一个主程序，在终端实现超市购物系统的操作界面。

4. 解决方案及关键代码

（1）编写商品抽象类，定义商品属性：

```
public class Stock {
    //定义属性
    public int id;
    public String name;
    public float price;
    public String type;
```

（2）声明抽象方法，用于传入份数：

```
public abstract float Money(int num);
```

（3）构造两种不同类型的子类，继承商品类的属性和方法：

```
public class raw extends good{
```

```
    private int time;

    public raw() {};
    public raw(String name,int id,float price,int time) {
        super(name,id,price);
        this.time=time;
```

（4）编写实现商品子类对象的代码，通过父类创建对象数组，构造函数。

```
public class Data1 {
    good[] m_good=new good[6];
    public float init(String name,int id,int num,String type)
    {
        m_good[0]=new snack("蔬菜",1,3,"黄瓜");
        m_good[1]=new snack("蔬菜",2,4,"西红柿");      }
}
```

（5）编写主程序，在终端界面实现超市购物系统，使用户可以通过键盘输入来进行操作：

```
System.out.println("------------- superlife 超市购物系统 --------------");

System.out.println(" 1、生鲜    2、零食");
System.out.println(" 请选择商品类型：");
Scanner input=new Scanner(System.in);
int m_input = input.nextInt();
m_it=m_input;
```

（6）最终输出所购商品对象的花费：

```
System.out.print("输入购买份数：");
m_num=input.nextInt();
Data1 uuu = new Data1();
uuu.init(m_name,m_id,m_num,m_type);
```

7.4 接　　口

关键字 interface 用于定义一个接口。接口是比抽象类更抽象的类，所以也不能实例化。例如：

```
public interface Animal{   }
```

接口也是一个类，是比抽象类更抽象的一种描述形式。在 JDK 1.5 之前，接口中的所有成员变量都是 public static final 类型的，即默认都是公开的静态常量，所以在定义接口中的成员变量时，必须在声明时赋值。接口中的函数默认都是 public abstract 的，即都是公开抽象的，所以都不能拥有函数体。现在我们先以 JDK 1.5 为标准来讲解，后面再讲解 JDK 1.8 里面对接口定义的变化。

一个类通过实现一个或者多个接口的方式实现接口中定义的函数，并成为接口的子类。implements 关键字在 Java 中表示一个类实现了另一个或者多个接口。现在让我们定义一个接口并实现它。

首先定义一个接口。

【文件 7.4】　Animal3.java、Dog1.java、Food.java、Fish.java

```
public interface Animal3{
    //定义一个函数,不能拥有函数体,默认被public abstract 修饰
    public void say();
}
```

现在实现这个接口，一般继承一个接口经常叫作实现这个接口，因为继承一个接口必须实现接口中的所有方法：

```
public class Dog1 implements Animal3{//通过implements实现一个接口,成为这个接口的子类
    public void say(){//必须实现接口中的所有方法
    }
}
```

同时，一个类可以实现多个接口，通过逗号分开。以下是实现多个接口的示例：

```
public interface Food{
    public void someMethod();
}
public class Fish implements Animal3,Food{
    //实现多个接口,必须实现接口中的所有函数
    public void say(){//实现Animal接口中的函数
    }
    public void someMethod(){//实现Food接口中的函数
    }
}
```

接口一般位于类层次的最上层，也是最抽象的层次，如图 7-2 所示。

在图7-2所示的UML图中，Animal为接口，位于抽象层的最上面，用于定义所有动物应该具有的规范，即函数。Dog 和Cat位于中间层，一般为抽象类，最下面的BlackDog则为具体类。这样就形成了一个完整的类继承层次关系。

我们可以在函数的参数中接收接口，在具体执行时传递具体的子类对象，示例如下。

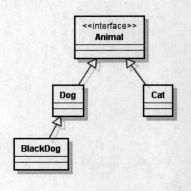

图7-2

【文件 7.5】　Animal5.java、Dog2.java、Cat3.java、Demo2.java

```
public interface Animal5{
    void run();//在接口中定义一个函数,所有实现这个接口的类必须实现这个函数
}
```

现在定义两个实现类：

```
public class Dog2 implements Animal5{
    public void run(){
        System.out.println("Dog is running...");
    }
}
```

```
public class Cat3 implements Animal5{
   public void run(){
      System.out.println("Cat is running...");
   }
}
```

现在让我们开发一个类，添加一个函数，接收 Animal5 接口类型：

```
public class Demo2{
   public void print(Animal5 animal){
      animal.run();
   }
   public static void main(String[] args){
      Demo2 demo  = new Demo2();
      //实例化 Dog
      Dog2 dog = new Dog2();
      demo.print(dog);//传递 Dog 对象，将输出 Dog is running...
      Cat3 cat = new Cat3();
      demo.print(cat);//传递 Cat 对象，将输出 Cat is running...
   }
}
```

在上面的代码中，print 函数接收 Animal5 类型，所以所有 Animal5 接口的子类都可以接收，当然也包含它自己。由于在 Animal5 中定义了 run 函数，因此所有实现这个接口的类都一定会拥有 run 函数的实现。在编译时，直接在 print 函数中调用 animal.run();即可。然后在具体运行时，将会根据具体传递的对象调用实例化对象的函数。

7.4.1　Java的多重继承

由于在Java中一个类只能直接继承另一个类，为了让一个类从属于多个类的子类，可以通过实现多个接口的形式加以实现。这样的话，就表示X是Y的子类，同时也从属于A或B或C，正如图7-3所示的那样。

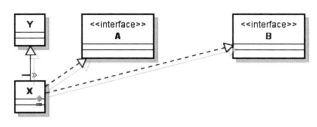

图7-3

将图7-3生成代码。

【文件 7.6】　Y.java、A.java、B.java、X.java

```
public class Y{
   public void yMethod(){
   }
}
public interface A{
   public void aMethod();
```

```
}
public interface B{
    public void bMethod();
}
public class X extends Y implements A,B{
    public void yMethod(){//可以重写或是不重写从 Y 类中继承的函数
    }
    public void aMethod(){//必须实现 A 接口中的函数
    }
    public void bMethod(){//必须实现 B 接口中的函数
    }
}
```

通过上面的代码，可以看出一个具体类可以先通过 extends 关键字继承另一个具体类或者抽象类，然后实现一个或者多个接口。通过上面的实现表达出来的关系是 X 是 Y 的子类，同时属于 A 和 B。

7.4.2 通过继承来扩展接口

可以通过继承关键字合并多个接口，从而得到一个新的接口。示例代码如下。

【文件 7.7】 Mother.java、Father.java、Parent.java、SomeBody.java

```
public interface Mother{
    public void callMom();
}
public interface Father{
    public void callDad();
}
public interface Parent extends Mother,Father{
}
```

现在开发一个类来实现接口 Parent：

```
public class SomeBody implements Parent{
    public void callMom(){
        System.out.println("Mom");
    }
    public void callDad(){
        System.out.println("Dad");
    }
    public static void test1(Mother mother){
        mother.callMom();
    }
    public static  void test2(Father father){
        father.callDad();
    }
    public static void main(String[] args){
        SomeBody body = new SomeBody();
        test1(body);//输出 Mom
        test2(body);//输出 Dad
    }
}
```

7.4.3 接口中的常量

在接口中定义的成员变量默认都是public static final的。static与final共同修饰的成员变量叫静态常量。静态常量应该在声明时赋值，或者在静态代码块中赋值，不过在接口中（JDK 1.5）不能拥有静态代码块，所以应该在声明静态常量时赋值，否则将会编译出错。一般来讲，静态常量都有大写的变量名称，示例如下：

【文件 7.8】 Week.java

```
public interface Week{
    String MON="周一";
    String TUES="周二";
    String WED="周三";
    String THUR="周四";
    String FIR="周五";
    String SAT="周六";
    String SUN = "周日";
}
```

然后直接使用接口.（点）成员变量名的方式引用即可：

```
String mon1 = Week.MON;
String mon2 = Week.MON;
```

现在得到的 mon1 与 mon2 的内存地址完全一样。

如果在一个接口中只声明了一些常量供其他类使用，一般这种类被称为常量接口模式，如同上面的代码那样定义一个周一到周日的常量模式。

7.4.4 JDK 1.8的默认实现

JDK 1.8以后，在接口中就可以定义函数的代码体了，通过default关键字即可实现。

【文件 7.9】 Father2.java

```
interface Father2 {
    public default void say() {
        System.err.println("Hello..");
    }
}
```

在上面的代码中，接口 Fathter2 通过使用 default 关键字给 say 函数添加了函数体。此时实现接口 Father2 的子类，可以不用实现 say 函数。

7.5 本章总结

本章主要学习了抽象类和接口。抽象类是指被abstract修饰的类，表示类层次的抽象类，不能被new关键字实例化。抽象类中既可以拥有抽象函数，也可以没有抽象函数。但是抽象函数必须位于抽象类中。抽象类的主要功能是用来扩展接口并让子类继承。

抽象函数是指被抽象关键字abstract修饰的函数，抽象函数没有函数体。子类继承了抽象类以后，必须实现抽象类中的所有抽象函数。

接口是比抽象类更抽象的类。接口中的所有函数默认都是public abstract修饰的，且不能有其他的修饰符。所有的成员变量默认都是public static final类型的，即静态常量，在声明静态常量时必须赋值。接口通过interface定义，子类可以实现多个接口，通过implements关键字实现。

7.6 课后练习

1. 关于继承与实现的说法正确的是（　　）。

　　A．Java中一个类可以直接继承多个类
　　B．Java中是单一继承，即只能继承一个类
　　C．Java中可以实现多个接口
　　D．Java中一个类只能实现一个接口

2. 以下说法正确的是（　　）。

　　A．抽象类不能被实例化，但可以拥有子类
　　B．由于抽象类不能被实例化，因此在抽象类的函数中不能使用this关键字
　　C．抽象类不能拥有构造函数
　　D．抽象类中必须拥有抽象函数

第 8 章 Java异常处理

在Java的开发过程中，经常会在控制台显示异常信息。Java异常处理是使用Java语言进行软件开发和测试脚本开发时不容忽视的问题之一，是否进行异常处理直接关系到软件的稳定性和健壮性。可将Java异常看作是一类消息，它传送一些系统问题、故障及未按规定执行的动作的相关信息。异常一般包含异常信息，可以将信息从应用程序的一部分发送到另一部分。

8.1 Java异常概述

在运行Java程序的过程中，不可避免地会产生异常。出现故障时，"发送者"将产生异常对象。异常可能代表Java代码出现的问题，也可能是JVM的相应错误，或基础硬件、操作系统的错误。

首先，异常基于类的类型来传输有用信息。很多情况下，基于异常的类既能识别故障原因，又能更正问题。其次，异常还带有可能有用的数据（如属性）。

异常的体系结构如图8-1所示。

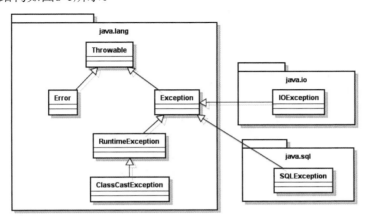

图8-1 异常的体系结构

在Java中，所有的异常都有一个共同的祖先Throwable（可抛出）。Throwable指定代码中可用异常传播机制通过Java应用程序传输的任何问题的共性。Throwable有两个重要的子类：Exception（异常）和Error（错误）。这二者都是Java异常处理的重要子类，各自都包含大量子类。

Exception（异常）是应用程序中可能的可预测、可恢复问题。一般大多数异常表示中度到轻度的问题。异常一般是在特定环境下产生的，通常出现在代码的特定方法和操作中。Exception是本章主要研究的问题。

Error（错误）表示运行应用程序时出现较严重的问题。大多数错误与代码编写者执行的操作无关，而表示代码运行时JVM（Java虚拟机）出现的问题。例如，当JVM不再有继续执行操作所需的内存资源时，将出现OutOfMemoryError（内存溢出）的错误。

Exception类有一个重要的子类RuntimeException。RuntimeException类及其子类表示"JVM常用操作"引发的错误。例如，试图使用空值对象引用、除数为零或数组越界，分别引发运行时异常（NullPointerException、ArithmeticException）和ArrayIndexOutOfBoundException。RuntimeExceptioin被称为运行时异常，是指在代码的编译阶段不对是否有可能出现异常进行检查，只有在运行时出现异常时才会去处理它的异常。一般运行时异常在编译时不必使用try…catch…finally或throws关键字加以处理。Exception的另一个分支（如IOException、SQLExceptionm）则是编译时异常。在开发代码时，即使看上去代码都是正确的，这种异常也必须使用try…catch…finally或throws来预先处理异常，否则将会直接导致编译出错。

8.2 Java异常处理方法

在Java应用程序中，对异常的处理有两种方式：处理异常和声明异常。

8.2.1 处理异常：try、catch和finally

若要捕获异常，则必须在代码中添加异常处理模块。这种Java结构可能包含3个部分，都有Java关键字。下面的例子将使用try-catch-finally代码结构。

【文件 8.1】 TestInputTryCatchFinally.java

```
1.   import java.io.*;
2.   public class TestInputTryCatchFinally {
3.      public static void main(String args[ ]){
4.         System.out.println("请输入某些字符：");
5.         InputStreamReader isr = new InputStreamReader(System.in);
6.         BufferedReader inputReader = new BufferedReader(isr);
7.         try{///异常处理的开始
8.            String inputLine = inputReader.readLine();
9.            System.out.println("输入的数据是：" + inputLine);
10.        }catch(IOException exc){///出现错误处理异常
11.           System.out.println("异常信息：" + exc);
12.        }finally{///必须执行的代码块
```

```
13.             System.out.println("End. ");
14.         }
15.     }
16. }
```

（1）try 块：将一个或者多个语句放入 try 时，表示这些语句可能抛出异常。编译器知道可能要发生异常，于是用一个特殊结构评估块内的所有语句。

（2）catch块：当问题出现时，定义代码块来处理问题。catch块是try块所产生异常的接收者。其基本原理是：一旦生成异常，就中止try块的执行，而去执行相应的catch块的代码。

（3）finally块：无论运行try块代码的结果如何，finally块里面的代码一定会运行。在常见的所有环境中，finally块都将运行。无论try块是否运行完成、是否产生异常，也无论是否在catch块中得到处理，finally块都将执行。

8.2.2 try-catch-finally规则

必须在try之后添加catch或finally块。try块后可同时接catch和finally块，但至少有一个块。必须遵循块顺序：若代码同时使用catch和finally块，则必须将catch块放在try块之后。catch块与相应的异常类的类型相关。

以下代码都是正确的。

1．一个try一个catch

```
try{
    ...
}catch(Exception e){
    ...
}
```

2．一个try多个catch

当使用多个 catch 块时，多个 catch 块中的异常类必须按从小到大的异常体系来处理：

```
try{
    ...
}catch(RuntimeException e){ //RuntimeExceptin 是 Exception 的子类
    ...
}catch(Exception e){
}
```

3．一个try一个finally

也可以只有一个 try 和一个 finally 块：

```
Try{ ... } finally{ ... }
```

4．一个try多个catch一个finally

finally 必须在所有异常的最后出现：

```
try{
}catch(NullpointerException e){
}catch(RuntimeException e){
}catch(Exception e){
```

```
}finally{
}
```

在 JDK 1.7 及以后的版本中，很多类都实现了 AutoClosable 接口，这将会在执行完成 try 块以后，自动执行资源的关闭，所以在 JDK 1.7 以后可以执行这种只有 try 的代码块：

```
try(InputStream in = new FileInputStream("d:/java/a.txt")){
}
```

8.2.3 声明抛出异常

若要声明异常，则必须将其添加到方法签名块的结束位置。下面是一个实例：

```
public void someMethod(int input) throws java.io.IOException {
}
```

这样声明的异常将传给方法调用者，而且通知了编译器：该方法的任何调用者必须遵守处理或声明规则。声明异常的规则如下：

1. 必须声明方法可抛出的任何可检测异常

非检测性异常不是必需的，可声明，也可不声明。

以下方法使用了 FileInputStream，这个类的主要功能是用于读取一个文件，但必须处理 FileNotfoundException。FileNotfoundException 是 IOException 的子类，它们的继承关系如图8-2所示。

以下代码都是可以编译通过的，声明抛出 FileNotfoundException。

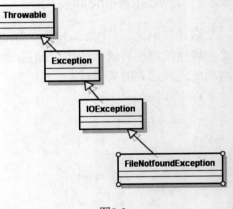

图8-2

【文件 8.2】 Demo.java

```
1.  public void readFile() throws FileNotFoundException{
2.     InputStream in = new FileInputstream ("d:/a.txt");
3.  }
4.  //声明抛出 IOException，它是 FileNotFoundException 的父类
5.  public void readFile2() throws IOException{
6.     InputStream in = new FileInputstream ("d:/a.txt");
7.  }
8.  //抛出 Exception 或 Throwable
9.  public void readFile3() throws Exception{
10.    InputStream in = new FileInputstream ("d:/a.txt");
11. }
12. public void readFile4() throws Throwable{
13.    InputStream in = new FileInputstream("d:/a.txt");
14. }
```

2. 调用方法必须遵循任何可检测异常的处理和声明规则

如果某个方法调用另一个有声明抛出异常的方法，则调用者必须使用 throws 再声明抛出，示例如下。

【文件 8.3】 Demo1.java

```
1.  public void methodA() throws Exception{
2.      methodB();
3.  }
4.  public void methodB() throws Exception{
5.  }
6.  //或使用 try.catch.来处理这个异常
7.  public void methodA() {
8.      try{
9.          methodB();
10.     }catch(Exception e){
11.         System.out.println(e);
12.     }
13. }
14. public void methodB() throws Exception{
15. }
```

3．若覆盖一个方法，则不能声明与覆盖方法不同的异常

声明的任何异常必须是被覆盖方法所声明异常的同类或子类，示例如下。

【文件 8.4】 A.java、B.java

```
1.  public class A{
2.      public void method() throws IOException{   }
3.  }
4.  public class B extends A{
5.      public void method() throws IOException{}//与父类相同的异常
6.  }
```

8.2.4　JDK 1.7一次捕获多个异常

在 JDK 1.7 版本中，可以一次在 catch 中处理多个异常，例如：

```
try{
    ...
}catch(IOException | SQLException | Exception e){
}
```

8.3　Java异常处理的分类

Java异常可分为可检测异常、非检测异常和自定义异常。检测异常又叫作编译时异常，即在编译时期就检查的异常。非检测性异常又叫运行时异常。

8.3.1　检测异常

检测异常经编译器验证，对于声明抛出异常的任何方法，编译器将强制执行处理或声明规则，例如SqlExecption、IOException就是检测异常。连接JDBC或处理IO时，如果不捕捉这个异常，就编译不通过，不允许编译。

在Exception的子类中，除了运行时异常之外的其他异常都是检测异常。

8.3.2 非检测异常

非检测异常不遵循处理或声明规则。在产生此类异常时，不一定非要采取任何适当操作，编译器不会检查是否已经解决了这样一个异常。例如，一个数组的长度为3，使用下标3时，就会产生数组下标越界异常。这个异常JVM不会进行检测，要靠程序员来判断。有两个主要类用来定义非检测异常：RuntimeException和Error。

8.3.3 自定义异常

自定义异常是为了表示应用程序的一些错误类型，为代码可能发生的一个或多个问题提供新含义。自定义异常可以用来显示代码多个位置之间的错误的相似性，也可以区分代码运行时可能出现的相似问题的一个或者多个错误，或给出应用程序中一组错误的特定含义。

8.4 Java异常处理的原则和忌讳

8.4.1 Java异常处理的原则

1. 尽可能处理异常

要尽可能处理异常，如果条件确实不允许，无法在自己的代码中完成处理，就考虑声明异常。

2. 具体问题具体解决

异常的部分优点在于能为不同类型的问题提供不同的处理操作。有效异常处理的关键是识别特定的故障场景，并开发解决此场景的特定相应行为。为了充分利用异常处理能力，需要为特定类型的问题构建特定的处理器块。

3. 记录可能影响应用程序运行的异常

至少要采取一些永久的方式（比如日志）记录下来可能影响应用程序操作的异常。理想情况下，当然是在第一时间解决引发异常的基本问题。不过，无论采用哪种处理操作，一般总应该记录下来潜在的关键问题。

8.4.2 Java异常处理的忌讳

1. 一般不要忽略异常

在异常处理块中，一项最危险的举动是"不加通告"地处理异常，示例如下。

【文件8.5】 Demo2.java

```
1.  try{
2.      Class.forName("SomeClass");
```

```
3.    }catch (ClassNotFoundException exc){
4.        //在异常处理块中什么都没有
5.    }
```

若这种做法影响较轻,则应用程序可能出现怪异行为。例如,应用程序设置的一个值不见了,或 GUI 失效。若问题严重,则应用程序可能会出现重大问题,因为异常未记录原始故障点,难以处理,如重复的 NullPointerExceptions。

如果采取措施,记录了捕获的异常,则不可能遇到这个问题。永远不要忽略问题,否则代码运行起来风险很大,在后期会引发难以预料的后果。

2. 不要使用覆盖式异常处理块

一般不要把特定的异常转化为更通用的异常。将特定的异常转换为更通用的异常是一种错误做法。一般而言,这将取消异常起初抛出时产生的上下文,在将异常传到系统的其他位置时将更难处理。示例如下。

【文件 8.6】 Demo3.java

```
1.    try{
2.        //TODO 有可能出现异常的代码
3.    }catch(IOException e){
4.        String msg = "出现异常信息";//覆盖了异常的原始信息
5.        throw new Exception(msg);
6.    }
```

因为没有原始异常的信息,所以处理器块无法确定问题的起因,也不知道如何更正问题。正确的做法是将异常进行转换,也叫作异常转换。

【文件 8.7】 Demo4.java

```
1.    try{
2.        //TODO 有可能出现异常的代码
3.    }catch(IOException e){
4.        String msg = e.getMessage();//获取异常的原始信息
5.        //将异常信息和 Cause 都放到 RuntimeException 中
6.        throw new RuntimeException(msg,e);
7.    }
```

3. 不要处理能够避免的异常

对于某些异常类型,实际上根本不必处理。通常运行时异常属于此类范畴。在处理空指针或者数据索引等问题时,不必求助于异常处理。

8.5 Java自定义异常

自定义异常类可以根据自己的业务进行,然后处理自己定义的异常即可。创建Exception或者RuntimeException的子类,即可得到一个自定义的异常类。示例如下。

【文件 8.8】 MyException.java

```
1.  public class MyException extends Exception{
2.      public MyException(){}
3.      public MyException(String smg){
4.          super(smg);
5.      }
6.  }
```

使用自定义异常

用 throws 声明方法可能抛出自定义异常，并用 throw 语句在适当的地方抛出自定义异常。例如，在某种条件下抛出异常：

```
public void test1() throws MyException{
   ...
   if(...){
      throw new MyException();
   }
}
```

下面是一个自定义异常的实例：在定义银行类时，若取钱数大于余额，则需要做异常处理。定义一个异常类 InsufficientFundsException，取钱（withdrawal）方法中可能产生异常，条件是余额小于取款金额。处理异常在调用 withdrawal 的时候，因此 withdrawal 方法要声明抛出异常，由上一级方法调用。

1. 异常类

【文件 8.9】 InsufficientFundsException.java

```
1.  package test;
2.  public class InsufficientFundsException extends Exception {
3.      private static final long serialVersionUID = 1L;
4.      private Bank excepbank; //银行对象
5.      private double excepAmount; //要取的钱
6.      public InsufficientFundsException(Bank ba, double dAmount) {
7.          excepbank = ba;
8.          excepAmount = dAmount;
9.      }
10.
11.     public String excepMessage() {
12.         String str = "当前余额：" + excepbank.balance + "\n"
13.                 + "取款金额：" + excepAmount;
14.         return str;
15.     }
16. }
```

2. 银行类

【文件 8.10】 Bank.java

```
1.  package test;
2.  public class Bank {
3.      double balance;//存款数
```

```
4.      public Bank(double balance) {
5.          this.balance = balance;
6.      }
7.      public void deposite(double dAmount) {
8.          if (dAmount > 0.0)
9.              balance += dAmount;
10.     }
11.     //如果取款金额大于当前余额,则直接抛出自定义异常
12.     public void withdrawal(double dAmount) throws InsufficientFundsException{
13.         if (balance < dAmount)
14.             throw new InsufficientFundsException(this, dAmount);
15.         balance = balance - dAmount;
16.     }
17.
18.
19.         System.out.println("The balance is " + (int) balance);
20.     }
11. }
```

3. 前端调用

【文件 8.11】　ExceptionDemo.java

```
1.  package test;
2.  public class ExceptionDemo {
3.      public static void main(String args[]) {
4.          try {
5.              Bank ba = new Bank(50);
6.              ba.withdrawal(100);
7.              System.out.println("Withdrawal successful!");
8.          } catch (InsufficientFundsException e) {
9.              System.out.println(e.toString());
10.             System.out.println(e.excepMessage());
11.         }
12.     }
13. }
```

8.6　常见的异常

常见的异常有以下几种:

- ArithmeticException: 算术异常。
- NullPointerException: 空指针异常。
- ClassCastException: 类型强制转换异常。
- NegativeArrayException: 数组负下标异常。
- ArrayIndexOutOfBoundsException: 数组下标越界异常。
- FileNotFoundException: 文件未找到异常。
- NumberFormatException: 字符串转换为数字异常。
- SQLException: 操作数据库异常。

- IOException：输入输出异常。
- java.lang.ClassFormatError：类格式错误。当Java虚拟机试图从一个文件中读取Java类而检测到该文件的内容不符合类的有效格式时抛出。
- java.lang.Error：错误，是所有错误的基类，用于标识严重的程序运行问题。这些问题通常描述一些不应被应用程序捕获的反常情况。
- java.lang.ExceptionInInitializerError：初始化程序错误。当执行一个类的静态初始化程序的过程中发生了异常时抛出。静态初始化程序是指直接包含于类中的static语句段。
- java.lang.IllegalAccessError：违法访问错误。当一个应用试图访问、修改某个类的域（Field）或者调用其方法，但是又违反域或方法的可见性声明时抛出该异常。
- java.lang.InstantiationError：实例化错误。当一个应用试图通过Java的new操作符构造一个抽象类或者接口时抛出该异常。
- ·java.lang.NoSuchMethodError：方法不存在错误。当应用试图调用某类的某个方法，而该类的定义中没有该方法的定义时抛出该错误。
- java.lang.OutOfMemoryError：内存不足错误。当可用内存不足以让Java虚拟机分配给一个对象时抛出该错误。
- java.lang.StackOverflowError：堆栈溢出错误。当一个应用递归调用的层次太深而导致堆栈溢出时抛出该错误。
- java.lang.ThreadDeath：线程结束。当调用Thread类的stop方法时抛出该错误，用于指示线程结束。
- java.lang.ArrayStoreException：数组存储异常。当向数组中存放非数组声明类型对象时抛出。

8.7 实训8：商品信息查询

1. 需求说明

设计一个简易超市购物系统信息查询类，可以通过输入商品的名称或ID来查询对应商品的价格。

2. 训练要点

（1）练习Java实现异常处理的用法。
（2）巩固前面章节所学的知识。

3. 实现思路

（1）设计一个商品类，有商品名称和价格两种属性。
（2）输入商品的名称或者ID，可以搜索到对应的商品单价。当输入的名称或ID出错时（名称或ID不存在）会抛出异常。

4. 解决方案及关键代码

（1）构造商品类，定义商品属性：

```java
public class Good {
    public String goodName;
    public int goodId;
    public double goodprice;
}
```

（2）构造异常类：

```java
public class MyException extends Exception{
    //有参构造方法
    public MyException(String message) {
        super(message);
    };
}
```

（3）编写主程序，构造商品对象列表：

```java
public class searchgood {
    Good good [] = {new Good("薯片", 1, 10), new Good("牛肉干", 2, 23.5), new Good("螺蛳粉", 3, 9.5), new Good("鸭脖", 4, 6.3), new Good("巧克力", 5, 5), new Good("海苔", 6, 7)}
```

（4）编写终端显示的商品查找系统界面：

```java
public void systemOut() {
    System.out.println("*******欢迎使用超市购物系统*******");
    System.out.println("*-*-*-*商品一览表：*-*-*-*");
    System.out.println("  商品" + "\t" + "序号");
    for(Good good:listgoods) {
        System.out.println(good.goodName + "\t\t " +good.goodId);
    }
}
```

（5）根据输入信息判断是否异常：

```java
while(true) {
    System.out.println("输入命令：1-按照名称查找商品;2-按照序号查找商品");
    switch (searchgood.scanf()) {
    case 1://根据用户不同的输入内容执行
        try {
            System.out.println("商品: " + searchgood.findByName());
            break;
        } catch (Exception e) {
            System.out.println(e.getMessage());
            continue;
        }
}
```

8.8 异常的典型举例

下面给出一个异常处理的反例代码，我们尝试找一下它存在的问题。

【文件 8.12】 ExceptionDemo2(error).java

```
1.  OutputStreamWriter out = ...
2.  java.sql.Connection conn = ...
3.  try {
4.      Statement stat = conn.createStatement();
5.      ResultSet rs = stat.executeQuery(
6.  "select uid, name from user");
7.      while (rs.next())
8.      {
9.          out.println("ID: " + rs.getString("uid") +
10. ", 姓名: " + rs.getString("name"));
11.     }
12.     conn.close();
13.     out.close();
14. }
15. catch(Exception ex)
16. {
17.     ex.printStackTrace();
18. }
```

1．丢弃异常

在上面代码中，第15~18行捕获了异常却不做任何处理。既然捕获了异常，就要对它进行适当的处理。不要在捕获异常之后又把它丢弃，不予理睬。调用printStackTrace算不上已经"处理好异常"。

2．不指定具体的异常

上面代码第15行，在catch语句中尽可能指定具体的异常类型，必要时使用多个catch。不要试图处理所有可能出现的异常。

3．占用资源不释放

上面代码第3~14行，保证所有资源都被正确释放，充分运用finally关键词。

4．不说明异常的详细信息

上面代码第3~18行，仔细观察这段代码，如果循环内部出现了异常，会发生什么事情？我们可以得到足够的信息判断循环内部出错的原因吗？不能。我们只能知道当前正在处理的类发生了某种错误，但是不能获得任何信息判断导致当前错误的原因。因此，在出现异常时，最好能够提供一些文字信息，例如当前正在执行的类、方法和其他状态信息，包括以一种更适合阅读的方式整理和组织printStackTrace提供的信息。

在异常处理模块中需要提供适量的错误原因信息，并组织错误信息使其易于理解和阅读。

5．过于庞大的try块

上面代码第3~14行，尽量减小try块的体积。

6．输出数据不完整

上面代码第7~11行，较为理想的处置办法是向输出设备写一些信息，声明数据的不完整性。另一种可能有效的办法是先缓冲要输出的数据，准备好全部数据之后再一次性输出。

全面考虑可能出现的异常以及这些异常对执行流程的影响，修改以后的代码如下。

【文件 8.13】 ExceptionDemo2(fixed).java

```
OutputStreamWriter out = ...
java.sql.Connection conn = ...
try {
    Statement stat = conn.createStatement();
    ResultSet rs = stat.executeQuery(
    "select uid, name from user");
    while (rs.next())
    {
        out.println("ID: " + rs.getString("uid") + ", 姓名:" + rs.getString("name"));
    }
}
catch(SQLException sqlex)
{
    out.println("警告：数据不完整");
    throw new ApplicationException("读取数据时出现 SQL 错误", sqlex);
}
catch(IOException ioex)
{
    throw new ApplicationException("写入数据时出现 IO 错误", ioex);
}
finally
{
    if (conn != null) {
        try {
            conn.close();
        }
        catch(SQLException sqlex2)
        {
            System.err(this.getClass().getName() + ".mymethod - 不能关闭数据库连接: " + sqlex2.toString());
        }
    }if (out != null) {
        try {
            out.close();
        }
        catch(IOException ioex2)
        {
            System.err(this.getClass().getName() + ".mymethod - 不能关闭输出文件" + ioex2.toString());
        }
    }
}
```

8.9 本章总结

本章主要学习了异常的体系结构和异常的处理。Throwable是所有异常的最高父类，它拥有两个子类：一个是Error，表示程序处理不了的错误；一个是Exception，是程序可以通过代码处理的错误。Exception下的子类又分为运行时异常和编译时异常，其中RuntimeException及其子类为运行时异常，Exception的其他类（如SQLException/IOException）为编译时异常。编译时必须在代码中通过throws关键字声明抛出，或者使用try…catch…finally代码块来处理这些异常，否则程序将会编译出错。

在使用try…catch…finally处理异常时，如何才能处理得更科学？请谨记本章讲解的处理原则。

8.10 课后练习

1. Java中用来抛出异常的关键字是（　　　）。

   A. try　　　　　　B. catch　　　　　　C. throw　　　　　　D. finally

2. 关于异常，下列说法正确的是（　　　）。

   A. 异常是一种对象　　　　　　　　　　B. 一旦程序运行，异常将被创建
   C. 为了保证程序运行速度，要尽量避免异常控制　　D. 以上说法都不对

3. （　　　）是所有异常类的父类。

   A. Throwable　　　B. Error　　　　C. Exception　　　　D. RuntimeException

4. 在Java语言中，（　　　）是异常处理的出口，即必须被执行的代码块。

   A. try{?}子句　　　　　　　　　　　　B. catch{?}子句
   C. finally{?}子句　　　　　　　　　　D. 以上说法都不对

第 9 章 Java图形界面编程

早先程序使用最简单的输入输出方式是，用户用键盘输入数据，程序将信息输出在屏幕上。现代程序要求使用图形用户界面（Graphical User Interface，GUI），界面中有菜单、按钮等，用户通过鼠标选择菜单中的选项、按钮、命令程序功能模块。本章将学习如何用Java语言编写GUI，以及如何通过GUI实现输入和输出。

9.1 AWT和Swing

AWT（Abstract Window Toolkit）是指抽象窗口工具包。Swing可以看作是AWT的改良版，而不是代替品，它是对AWT的提高和扩展。所以，在写GUI程序时，Swing和AWT都有作用。它们共存于Java基础类（Java Foundation Class，JFC）中。

尽管AWT和Swing都提供了构造图形界面元素的类，但它们的重要方面有所不同：AWT依赖于主平台绘制用户界面组件；Swing有自己的机制，在主平台提供的窗口中绘制和管理界面组件。Swing与AWT之间最明显的区别是界面组件的外观：AWT在不同平台上运行相同的程序，界面的外观和风格可能会有一些差异；一个基于Swing的应用程序可能在任何平台上出现相同的外观和风格。

Swing中的类继承自AWT，有些Swing类直接扩展AWT中对应的类，例如JApplet、JDialog、JFrame和JWindow。

现在多用Swing来设计GUI。使用Swing设计图形界面时，主要引入两个包：

- javax.swing包：包含Swing的基本类。
- java.awt.event包：包含与处理事件相关的接口和类。

Swing很丰富，我们不可能在本章中给出全面介绍，但本章所介绍的有关Swing的核心知识足以让读者编写出完整的GUI程序。

9.2　组件和容器

组件（Component）是图形界面的基本元素，可以供用户直接操作，例如按钮。容器（Container）是图形界面的复合元素，可以包含组件，例如面板。

Java语言为每种组件都预定义类，程序通过它们或它们的子类构成各种组件对象。例如，Swing中预定义的按钮类JButton是一种类，程序创建的JButton对象或JButton子类的对象就是按钮。Java语言也为每种容器预定义类，程序通过它们或它们的子类创建各种容器对象。例如，Swing中预定义的窗口类JFrame是一种容器类，程序创建的JFrame或JFrame子类的对象就是窗口。

为了统一管理组件和容器，为所有组件类定义超类，把组件的共有操作都定义在Component类中。同样，为所有容器类定义超类Container类，把容器的共有操作都定义在Container类中。例如，Container类中定义了add()方法，大多数容器都可以用add()方法向容器添加组件。

Component、Container和Graphics类是AWT库中的关键类。为了能有层次地构造复杂的图形界面，容器被当作特殊的组件，可以把容器放入另一个容器中。例如，把若干按钮和文本框分别放在两个面板中，再把这两个面板和另一些按钮放入窗口中。这种有层次地构造界面的方法能以增量的方式构造复杂的用户界面。

9.3　事件驱动程序设计基础

9.3.1　事件、监视器和监视器注册

图形界面上的事件是指在某个组件上发生的用户操作。例如，用户单击了界面上的某个按钮，就说在这个按钮上发生了事件，这个按钮对象就是事件的激发者。对事件做监视的对象称为监视器，监视器提供响应事件的处理方法。为了让监视器与事件对象关联起来，需要对事件对象做监视器注册，告诉系统事件对象的监视器。

以程序响应按钮事件为例，程序要创建按钮对象，并把它添加到界面中，为按钮做监视器注册，还要有响应按钮事件的方法。当"单击按钮"事件发生时，系统就调用已为这个按钮注册的事件处理方法来完成处理按钮事件的工作。

9.3.2　实现事件处理的途径

Java语言编写事件处理程序主要有两种方案：一种是程序重设handleEvent(Eventevt)，采用这个方案的程序工作量稍大一些；另一种方案是程序实现一些系统设定的接口。Java按事件类型提供多种接口，作为监视器对象的类需要实现相应的接口，即实现响应事件的方法。当事件发生时，系统内设的handleEvent(Event evt)方法就自动调用监视器的类实现的响应事件的方法。

java.awt.event 包中用来检测并对事件做出反应的模型包括以下 3 个组成元素：

- 源对象：事件"发生"这个组件上，它与一组"侦听"该事件的对象保持着联系。
- 监视器对象：一个实现预定义的接口的类的一个对象，该对象的类要提供对发生的事件做处理的方法。
- 事件对象：它包含描述当事件发生时从源传递给监视器的特定事件的信息。

一个事件驱动程序要做的工作除了创建源对象和监视器对象之外，还必须安排监视器了解源对象，或向源对象注册监视器。每个源对象都有一个已注册的监视器列表，提供一个方法向该列表添加监视器对象。只有在源对象注册了监视器之后，系统才会将源对象上发生的事件通知监视器对象。

9.3.3 事件类型和监视器接口

在Java语言中，为了便于系统管理事件，也为了便于程序做监视器注册，系统将事件分类，称为事件类型。系统为每个事件类型提供一个接口。要作为监视器对象的类必须实现相应的接口，提供接口规定的响应事件的方法。

以程序响应按钮事件为例，JButton类对象button可以是一个事件的激发者。当用户单击界面中与button对应的按钮时，button对象就会产生一个ActionEvent类型的事件。如果监视器对象是obj，对象obj的类是Obj，则类Obj必须实现AWT中的ActionListener接口，实现监视按钮事件的actionPerformed方法。button对象必须用addActionListener方法注册它的监视器obj。

程序运行时，当用户单击button对象对应的按钮时，系统就将一个ActionEvent对象从事件激发对象传递到监视器。ActionEvent对象包含的信息包括事件发生在哪一个按钮，以及有关该事件的其他信息。

有一定代表性的事件类型和产生这些事件的部分Swing组件如表9-1所示。实际事件发生时，通常会产生一系列的事件。例如，用户单击按钮会产生ChangeEvent事件，提示光标到了按钮上，接着又是一个ChangeEvent事件，表示鼠标被按下，然后是ActionEvent事件，表示鼠标已松开，但光标依旧在按钮上，最后是ChangeEvent事件，表示光标已离开按钮。应用程序通常只处理按下按钮的完整动作的单个ActionEvent事件。

表 9-1 组件和事件类型

事件类型	组　　件	描　　述
ActionEvent	Jbutton、JCheckBox JcomboBox、JMenuItem JRadioButton	单击、选项或选择
ChangeEvent	JSlider	调整一个可移动元素的位置
AdjustmentEvent	JScrollBar	调整滑块位置
ItemEvent	JcomboBox、JCheckBox JRadioButton JRadioButtonMenuItem JCheckBoxMenuItem	从一组可选方案中选择一个项目

(续表)

事件类型	组件	描述
ListSelectionEvent	JList	选项事件
KeyEvent	JComponent 及其派生类	操纵鼠标或键盘
MouseEvent		
CareEvent	JtextArea、JTextField	选择和编辑文本
WindowEvent	Window 及其派生类 JFrame	对窗口打开、关闭和图标化

每个事件类型都有一个相应的监视器接口，每个接口的方法如表 9-2 所示。实现监视器接口的类必须实现所有定义在接口中的方法。

表 9-2 JFrame 类的部分常用方法

方 法	意 义
JFrame()	构造方法，创建一个 JFrame 对象
JFrame(String title)	创建一个以 title 为标题的 JFrame 对象
add()	从父类继承的方法，向窗口添加窗口元素
void addWindowListener(WindowListener ear)	注册监视器，监听由 JFrame 对象产生的事件
Container getContentPane()	返回 JFrame 对象的内容面板
void setBackground(Color c)	设置背景色为 c
void setForeground(Color c)	设置前景色为 c
void setSize(int w,int h)	设置窗口的宽为 w、高为 h
vid setTitle(String title)	设置窗口中的标题
void setVisible(boolean b)	设置窗口的可见性，true 为可见，false 为不可见

9.4 界面组件

GUI 界面组件包含窗口等其他众多组件。

9.4.1 窗口

窗口是 GUI 编程的基础，小应用程序或图形界面的应用程序的可视组件都放在窗口中。在 GUI 中，窗口是用户屏幕的一部分，是电脑屏幕中的一个小屏幕。有以下 3 种窗口：

- Applet窗口：Applet类管理这个窗口，当应用程序启动时，由系统创建和处理。
- 框架窗口（JFrame）：这是通常意义上的窗口，它支持窗口周边的框架、标题栏，以及最小化、最大化和关闭按钮。
- 无边框窗口（JWindow）：没有标题栏，没有框架，只是一个空的矩形。

用Swing中的JFrame类或它的子类创建的对象就是JFrame窗口。JFrame类的主要构造方法如下：

- JFrame()：创建无标题的窗口对象。
- JFrame(String s)：创建一个标题名是字符串s的窗口对象。

JFrame类还有他常用方法，具体如下：

- setBounds(int x,int y,int width,int height)：参数x和y指定窗口出现在屏幕的位置，参数width和height指定窗口的宽度和高度，单位是像素。
- setSize(int width,int height)：设置窗口的大小，参数width和height指定窗口的宽度和高度，单位是像素。
- setBackground(Color c)：以参数c设置窗口的背景颜色。
- setVisible(boolean b)：以参数b设置窗口是可见还是不可见的。JFrame默认是不可见的。
- pack()：用紧凑方式显示窗口。如果不使用该方法，窗口初始出现时可能看不到窗口中的组件，当用户调整窗口的大小时，可能才会看到这些组件。
- setTitle(String name)：以参数name设置窗口的名字。
- getTitle()：获取窗口的名字。
- setResiable(boolean m)：设置当前窗口是否可调整大小（默认可调整大小）。

9.4.2 容器

Swing里的容器都可以添加组件，除了JPanel及其子类（JApplet）之外，其他的Swing容器不允许把组件直接加入。其他容器添加组件有两种方法：

（1）先用getContentPane()方法获得内容面板，再将组件加入，例如：

```
jframe.getContentPane().add(button);
```

该代码的意义是获得容器的内容面板，并将按钮button添加到这个内容面板中。

（2）先建立一个JPanel对象的中间容器，把组件添加到这个容器中，再用setContentPane()把这个容器设置为内容面板。例如：

```
JPanel contentPane = new JPanel();
...
jframe.setContentPane(contentPane);
```

以上代码把contentPane设置成内容面板。

以下示例是一个用JFrame类创建窗口的Java应用程序，窗口中只有一个按钮。

【文件 9.1】　SwingDemo.java

```
import javax.swing.*;
public class SwingDemo{
    public static void main(String args[]){
        JFrame mw = new JFrame("我的第一个窗口");
        mw.setSize(250,200);
        JButton button = new JButton("我是一个按钮");
        mw.getContentPane().add(button);
        mw.setVisible(true);
    }
}
```

用 Swing 编写 GUI 程序时，通常不直接用 JFrame 创建窗口对象，而是用 JFrame 派生的子类创建窗口对象，在子类中可以加入窗口的特定要求和特别的内容等。

例如，定义JFrame派生的子类MyWindowDemo创建JFrame窗口。MyWindowDemo类的构造方法有5个参数：窗口的标题名、放入窗口的组件、窗口的背景颜色以及窗口的高度和宽度。在主方法中，利用MyWindowDemo类创建两个类似的窗口。

【文件 9.2】　　Example1.java

```java
import javax.swing.*;
import java.awt.*;
import java.awt.event.*;
public class Example1{
    public static MyWindowDemo mw1;
    public static MyWindowDemo mw2;
    public static void main(String args[]){
        JButton static butt1 = new JButton("我是一个按钮");
        String name1 = "我的第一个窗口";
        String name2 = "我的第二个窗口";
        mw1 = new MyWindowDemo(name1,butt1,Color.blue,350,450);
        mw1.setVisible(true);
        JButton butt2 = new JButton("我是另一个按钮");
        mw2 = new MyWindowDemo(name2,butt2,Color.magenta,300,400);
        mw2.setVisible(true);
    }
}
class MyWindowDemo extends JFrame{
    public MyWindowDemo(String name,JButton button,Color c,int w,int h){
        super();
        setTitle(name);
        setSize(w,h);
        Container con = getContentPane();
        con.add(button);
        con.setBackground(c);
    }
}
```

显示颜色由 java.awt 包的 Color 类管理。在 Color 类中预定义了一些常用的颜色，参见JavaAPI。

JFrame类的部分常用方法如表9-3所示。

表 9-3　JFrame 类的部分常用方法

方　法	意　义
JFrame()	构造方法，创建一个 JFrame 对象
JFrame(String title)	创建一个以 title 为标题的 JFrame 对象
add()	从父类继承的方法，向窗口添加窗口元素
void addWindowListener(WindowListener ear)	注册监视器，监听由 JFrame 对象触发的事件
Container getContentPane()	返回 JFrame 对象的内容面板
void setBackground(Color c)	设置背景色为 c
void setForeground(Color c)	设置前景色为 c
void setSize(int w,int h)	设置窗口的宽为 w，高为 h

（续表）

方 法	意 义
vid setTitle(String title)	设置窗口中的标题
void setVisible(boolean b)	设置窗口的可见性，true 为可见，false 为不可见

9.4.3 标签

标签（JLabel）是最简单的Swing组件。标签对象的作用是对位于其后的界面组件进行说明。可以设置标签的属性，即前景色、背景色、字体等，但不能动态地编辑标签中的文本。

程序关于标签的基本内容有以下几个方面：

（1）声明一个标签名。
（2）创建一个标签对象。
（3）将标签对象加入某个容器。

JLabel类的主要构造方法如下：

- JLabel ()：构造一个无显示文字的标签。
- JLabel (String s)：构造一个显示文字为s的标签。
- JLabel(String s, int align)：构造一个显示文字为s的标签。align为显示文字的水平方式，有以下3种：
    - 左对齐：JLabel.LEFT。
    - 中心对齐：JLabel.CENTER。
    - 右对齐：JLabel.RIGHT。

JLabel 类的其他常用方法如下：

- setText(String s)：设置标签显示文字。
- getText()：获取标签显示文字。
- setBackground(Color c)：设置标签的背景颜色，默认背景颜色是容器的背景颜色。
- setForeground(Color c)：设置标签上的文字颜色，默认颜色是黑色。

9.4.4 按钮

按钮（JButton）在界面设计中用于激发动作事件。按钮可显示文本，当按钮被激活时，能激发动作事件。

JButton 的常用构造方法如下：

- JButton()：创建一个没有标题的按钮对象。
- JButton(String s)：创建一个标题为s的按钮对象。

JButton 类的其他常用方法如下：

- setLabel(String s)：设置按钮的标题文字。
- getLabel()：获取按钮的标题文字。

- setMnemonic(char mnemonic)：设置热键。
- setToolTipText(String s)：设置提示文字。
- setEnabled(boolean b)：设置是否响应事件。
- setRolloverEnabled(boolean b)：设置是否可滚动。
- addActionListener(ActionListener aL)：向按钮添加动作监视器。
- removeActionListener(ActionListener aL)：移动按钮的监视器。

按钮处理动作事件的基本内容有以下几个方面：

（1）与按钮动作事件相关的接口是ActionListener，给出实现该接口的类的定义。
（2）声明一个按钮名。
（3）创建一个按钮对象。
（4）将按钮对象加入某个容器。
（5）为需要控制的按钮对象注册监视器，对在这个按钮上产生的事件实施监听。如果是按钮对象所在的类实现监视接口，注册监视器的代码形式如下：

```
addActionListener(new ActionListener(){
    public void actionPerformed(ActionEvent e){...}
});
```

在处理事件的方法中，用获取事件源信息的方法获得事件源信息，并判断和完成相应处理。获得事件源的方法有：getSource()方法获得事件源对象，getActionCommand()方法获得事件源按钮的文字信息。

9.4.5　JPanel

面板是一种通用容器，它有两种类型：一种是普通面板（JPanel），另一种是滚动面板（JScrollPane）。JPanel的作用是实现界面的层次结构，在它上面放入一些组件，也可以在上面绘画，将放有组件和画的JPanel再放入另一个容器里。JPanel的默认布局为FlowLayout。

面板处理程序的基本内容有以下几个方面：

（1）通过继承声明JPanel类的子类，子类中有一些组件，并在构造方法中将组件加入面板。
（2）声明JPanel子类对象。
（3）创建JPanel子类对象。
（4）将JPanel子类对象加入某个容器。

JPanel类的常用构造方法如下：

- JPanel()：创建一个JPanel对象。
- JPanel(LayoutManager layout)：创建JPanel对象时指定布局layout。

JPanel对象添加组件的方法有以下两种：

- Add（组件）：添加组件。
- Add（字符串,组件）：当面板采用GardLayout布局时，字符串是引用添加组件的代号。

下面的小应用程序有两个 JPanel 子类对象和一个按钮。每个 JPanel 子类对象又有两个按钮和一个标签。

【文件 9.3】 ExampleJPanel.java

```java
import java.applet.*;
import javax.swing.*;
class MyPanel extends JPanel{
    JButton button1,button2;
    JLabel Label;
    MyPanel(String s1,String s2,String s3){
        //Panel对象被初始化为有两个按钮和一个文本框
        button1=new JButton(s1);
        button2=new JButton(s2);
        Label=new JLabel(s3);
        add(button1);add(button2);add(Label);
    }
}
public class Example extends Applet{
    MyPanel panel1,panel2;
    JButton Button;
    public void init(){
        panel1=new MyPanel("确定","取消","标签，我们在面板 1 中");
        panel2=new MyPanel("确定","取消","标签，我们在面板 2 中");
        Button=new JButton("我是不在面板中的按钮");
        add(panel1);add(panel2);add(Button);
        setSize(300,200);
    }
}
```

9.4.6　JScrollPane

当一个容器内放置了许多组件，而容器的显示区域不足以同时显示所有组件时，如果让容器带上滚动条，通过移动滚动条的滑块，容器中的组件就能被看到。滚动面板JScrollPane能实现这样的要求，它是带有滚动条的面板。JScrollPane是Container类的子类，也是一种容器，不过只能添加一个组件。JScrollPane的一般用法是先将一些组件添加到一个JPanel中，然后把这个JPanel添加到JScrollPane中。这样，从界面上看，在滚动面板上好像也有多个组件。在Swing中，JTextArea、JList、JTable等组件都没有自带滚动条，都需要将它们放置于滚动面板，利用滚动面板的滚动条浏览组件中的内容。

JScrollPane 类的构造方法有以下两种：

- JScrollPane()：先创建JScrollPane对象，然后用setViewportView(Component com)方法为滚动面板对象放置组件对象。
- JScrollPane(Component com)：创建JScrollPane对象，参数com是要放置于JScrollPane对象的组件对象。为JScrollPane对象指定了显示对象之后，再用add()方法将JScrollPane对象放置于窗口中。

JScrollPane 对象设置滚动条的方法如下：

- setHorizontalScrollBarPolicy(int policy),其中policy取下列值之一:
  - JScrollPane.HORIZONTAL_SCROLLBAR_ALWAYS
  - JScrollPane.HORIZONTAL_SCROLLBAR_AS_NEED
  - JScrollPane.HORIZONTAL_SCROLLBAR_NEVER
- setVerticalScrollBarPolicy(int policy),其中policy取下列值之一:
  - JScrollPane.VERTICAL_SCROLLBAR_ALWAYS
  - JScrollPane.VERTICAL_SCROLLBAR_AS_NEED
  - JScrollPane.VERTICAL_SCROLLBAR_NEVER

以下代码将文本区放置于滚动面板,滑动面板的滚动条就能浏览文本区:

```
JTextArea textA = new JTextArea(20,30);
JScrollPane jsp = new JScrollPane(TextA);
getContentPane().add(jsp);//将含文本区的滚动面板加入当前窗口中
```

9.4.7 文本框

在图形界面中,文本框和文本区是用于信息输入输出的组件。

文本框(JTextField)是界面中用于输入和输出一行文本的框。JTextField类用来建立文本框。与文本框相关的接口是ActionListener。

文本框处理程序的基本内容有以下几个方面:

(1)声明一个文本框名。
(2)建立一个文本框对象。
(3)将文本框对象加入某个容器。
(4)对需要控制的文本框对象注册监视器,监听文本框的输入结束(输入回车键)事件。
(5)一个处理文本框事件的方法,完成对截获事件进行判断和处理。

JTextField 类的主要构造方法有以下几种:

- JTextField():文本框的字符长度为1。
- JTextField(int columns):文本框初始值为空字符串,文本框的字符长度设为columns。
- JTextField(String text):文本框初始值为text的字符串。
- JTextField(String text,int columns):文本框初始值为text,文本框的字符长度为columns。

JTextField 类还有一些其他方法:

- setFont(Font f):设置字体。
- setText(String text):在文本框中设置文本。
- getText():获取文本框中的文本。
- setEditable(boolean):指定文本框的可编辑性,默认为true,可编辑。
- setHorizontalAlignment(int alignment):设置文本对齐方式,包括JTextField.LEFT、JTextField.CENTER和JTextField.RIGHT。
- requestFocus():设置焦点。

- addActionListener(ActionListener)：为文本框设置动作监视器，指定ActionListener对象接收该文本框上发生的输入结束动作事件。
- removeActionListener(ActionListener)：移去文本框监视器。
- getColumns()：返回文本框的列数。
- getMinimumSize()：返回文本框所需的最小尺寸。
- getMinimumSize(int)：返回文本框在指定的字符数下所需的最小尺寸。
- getPreferredSize()：返回文本框希望具有的尺寸。
- getPreferredSize(int)：返回文本框在指定字符数下希望具有的尺寸。

密码框JPasswordField是一个单行的输入组件，与JTextField基本类似。密码框多了一个屏蔽功能，就是在输入时都会以一个别的指定的字符（一般是*字符）输出。除了前面介绍的文本框的方法外，还有一些密码框常用的方法：

- getEchoChar()：返回密码的回显字符。
- setEchoChar(char)：设置密码框的回显字符。

9.4.8 文本区

文本区（JTextArea）是窗体中一个放置文本的区域。文本区与文本框的主要区别是文本区可存放多行文本。javax.swing包中的JTextArea类用来建立文本区。JTextArea组件没有事件。文本区处理程序的基本内容有以下几个方面：

（1）声明一个文本区名。
（2）建立一个文本区对象。
（3）将文本区对象加入某个容器。

JTextArea 类的主要构造方法如下：

- JTextArea()：以默认的列数和行数创建一个文本区对象。
- JTextArea(String s)：以s为初始值创建一个文本区对象。
- JTextArea(Strings ,int x,int y)：以s为初始值、行数为x、列数为y创建一个文本区对象。
- JTextArea(int x,int y)：以行数为x、列数为y创建一个文本区对象。

JTextArea 类还有一些常用方法，具体如下：

- setText(String s)：设置显示文本，同时清除原有文本。
- getText()：获取文本区的文本。
- insert(String s,int x)：在指定的位置插入指定的文本。
- replace(String s,int x,int y)：用给定的文本替换从x位置开始到y位置结束的文本。
- append(String s)：在文本区追加文本。
- getCarePosition()：获取文本区中活动光标的位置。
- setCarePosition(int n)：设置活动光标的位置。
- setLineWrap(boolean b)：设置自动换行，默认情况下不自动换行。

以下代码创建一个文本区,并设置能自动换行:

```
JTextArea textA = new JTextArea("我是一个文本区",10,15);
textA.setLineWrap(true);//设置自动换行
```

当文本区中的内容较多,不能在文本区全部显示时,可给文本区配上滚动条。给文本区设置滚动条可用以下代码:

```
JTextArea ta = new JTextArea();
JScrollPane jsp = new JScrollPane(ta);//给文本区添加滚动条
```

在 GUI 中,常用文本框和文本区实现数据的输入和输出。如果采用文本区输入,通常可以另设一个数据输入完成按钮。当数据输入结束时,单击这个按钮。事件处理程序利用 getText()方法从文本区中读取字符串信息。对于采用文本框作为输入的情况,最后输入的回车符可以激发输入完成事件,通常不用另设按钮。事件处理程序可以利用单词分析器分析出一个个数值,再利用字符串转换数值方法获得输入的数值。对于输出,程序先将数值转换成字符串,然后通过 setText()方法将数据输出到文本框或文本区。

下面的小应用程序设置一个文本区、一个文本框和两个按钮。用户在文本区中输入整数序列,单击求和按钮,程序对文本区中的整数序列进行求和,并在文本框中输出和。单击第二个按钮,清除文本区和文本框中的内容,参考代码如下:

【文件 9.4】 Example.java

```
import java.util.*;
import java.applet.*;
import java.awt.*;
import javax.swing.*;
import java.awt.event.*;
public class Example extends Applet implements ActionListener{
    JTextArea textA;JTextField textF;JButton b1,b2;
    public void init(){
        setSize(250,150);
        textA=new JTextArea("",5,10);
        textA.setBackground(Color.cyan);
        textF=new JTextField("",10);
        textF.setBackground(Color.pink);
        b1=new JButton("求 和"); b2=new JButton("重新开始");
        textF.setEditable(false);
        b1.addActionListener(this); b2.addActionListener(this);
        add(textA); add(textF); add(b1);add(b2);
    }
    public void actionPerformed(ActionEvent e){
        if(e.getSource()==b1){
            String s=textA.getText();
            StringTokenizer tokens=new StringTokenizer(s);
            //使用默认的分隔符集合:空格、换行、Tab 符和回车作分隔符
            int n=tokens.countTokens(),sum=0,i;
            for(i=0;i<=n-1;i++){
                String temp=tokens.nextToken();//从文本区取下一个数据
                sum+=Integer.parseInt(temp);
            }
            textF.setText(""+sum);
```

```
        }
        else if(e.getSource()==b2){
            textA.setText(null);
            textF.setText(null);
        }
    }
}
```

9.4.9 选择框

选择框、单选框和单选按钮都是选择组件。选择组件有两种状态：一种是选中（on），另一种是未选中（off），它们提供一种简单的on/off选择功能，让用户在一组选择项目中选择。

选择框（JCheckBox）的形状是一个小方框，被选中则在框中打勾。当在一个容器中有多个选择框，同时可以有多个选择框被选中时，这样的选择框称为复选框。与选择框相关的接口是ItemListener，事件类是ItemEvent。

JCheckBox 类常用的构造方法有以下 3 个：

- JCheckBox()：用空标题构造选择框。
- JCheckBox(String s)：用给定的标题s构造选择框。
- JCheckBox(String s, boolean b)：用给定的标题s构造选择框，参数b设置选中与否的初始状态。

JCheckBox 类还有一些常用方法，具体如下：

- getState()：获取选择框的状态。
- setState(boolean b)：设置选择框的状态。
- getLabel()：获取选择框的标题。
- setLabel(String s)：设置选择框的标题。
- isSelected()：获取选择框是否被选中的状态。
- itemStateChanged(ItemEvent e)：处理选择框事件的接口方法。
- getItemSelectable()：获取可选项，获取事件源。
- addItemListener(ItemListener l)：为选择框设定监视器。
- removeItemListener(ItemListener l)：移去选择框的监视器。

以下示例声明一个面板子类，其中有 3 个选择框。

```
class Panel1 extends JPanel{
    JCheckBox box1,box2,box3;
    Panel1(){
        box1 = new JCheckBox("足球");
        box2 = new JCheckBox("排球");
        box2 = new JCheckBox("篮球");
    }
}
```

9.4.10 单选框

当在一个容器中放入多个选择框，且没有ButtonGroup对象将它们分组时，可以同时选中多个选择框。如果使用ButtonGroup对象将选择框分组，同一时刻组内的多个选择框只允许有一个被选中，就称同一组内的选择框为单选框。单选框分组的方法是先创建ButtonGroup对象，然后将同组的选择框添加到同一个ButtonGroup对象中。

9.4.11 单选按钮

单选按钮（JRadioButton）的功能与单选框相似。使用单选按钮的方法是将一些单选按钮用ButtonGroup对象分组，使同一组的单选按钮只能有一个被选中。单选按钮与单选框的差异是显示的样式不同，单选按钮是一个圆形的按钮，单选框是一个小方框。

JRadioButton 类的常用构造方法有以下几个：

- JRadioButton()：用空标题构造单选按钮。
- JRadioButton(String s)：用给定的标题s构造单选按钮。
- JRadioButton(String s,boolean b)：用给定的标题s构造单选按钮，参数b设置选中与否的初始状态。

需要使用 ButtonGroup 将单选按钮分组，方法是先创建对象，然后将同组的单选按钮添加到同一个 ButtonGroup 对象中。

用户对选择框或单选按钮做出选择后，程序应对这个选择做出必要的响应，程序为此要处理选择项目事件。选择项目处理程序的基本内容有：

（1）监视选择项目对象的类要实现接口ItemListener。
（2）程序要声明和建立选择对象。
（3）为选择对象注册监视器。
（4）编写处理选择项目事件的接口方法itemStateChanged(ItemEvent e)，在该方法内用getItemSelectable()方法获取事件源，并做相应处理。

9.4.12 列表

列表（JList）和组合框（JComboBox）也是一类供用户选择的界面组件，用于在一组选择项目中选择。组合框还可以输入新的选择。

列表在界面中表现为列表框，是 JList 类或它的子类的对象。程序可以在列表框中加入多个文本选择项条目。列表事件的事件源有两种：

（1）鼠标双击某个选项：双击选项是动作事件，与该事件相关的接口是ActionListener，注册监视器的方法是addActionListener()，接口方法是actionPerformed(ActionEvent e)。

（2）鼠标单击某个选项：单击选项是选项事件，与选项事件相关的接口是ListSelectionListener，注册监视器的方法是 addListSelectionListener，接口方法是valueChanged(ListSelectionEvent e)。

JList 类的常用构造方法有以下两种：

- JList()：建立一个列表。
- JList(String list[])：建立列表，list是字符串数组，数组元素是列表的选择条目。

JList 类的常用方法有以下几种：

- getSelectedIndex()：获取选项的索引，返回最小的选择单元索引，只选择了列表中单个项时，返回该选择。
- getSelectedValue()：获取选项的值。
- getSelectedIndices()：返回所选的全部索引的数组（按升序排列）。
- getSelectedValues()：返回所有选择值的数组，根据其列表中的索引顺序按升序排序。
- getItemCount()：获取列表中的条数。
- setVisibleRowCount(int n)：设置列表的可见行数。
- setSelectionMode(int seleMode)：设置列表的选择模型。选择模型有单选和多选两种。
    - 单选：ListSelectionModel.SINGLE_SELECTION。
    - 多选：ListSelectionModel.MULTIPLE.INTERVAL_SELECTION。
- remove(int n)：从列表的选项菜单中删除指定索引的选项。
- removeAll()：删除列表中的全部选项。

列表可以添加滚动条，方法是先创建列表，再创建一个JScrollPane滚动面板对象，在创建滚动面板对象时指定列表。以下代码示意为列表list2添加滚动条：

```
JScrollPane jsp = new JScrollPane(list2);
```

9.4.13 组合框

组合框是文本框和列表的组合，可以在文本框中输入选项，也可以单击组合框右侧的下拉按钮从显示的列表中进行选择。

组合框的常用构造方法如下：

- JComboBox()：建立一个没有选项的JComboBox对象。
- JComboBox(JComboBoxModel aModel)：用数据模型建立一个JComboBox对象。
- JComboBox(Object[]items)：利用数组对象建立一个JComboBox对象。

组合框的其他常用方法有以下几个：

- addItem(Object obj)：向组合框添加选项。
- getItemCount()：获取组合框的条目总数。
- removeItem(Object ob)：删除指定选项。
- removeItemAt(int index)：删除指定索引的选项。
- insertItemAt(Object ob,int index)：在指定的索引处插入选项。
- getSelectedIndex()：获取所选项的索引值（从0开始）。
- getSelectedItem()：获得所选项的内容。
- setEditable(boolean b)：设为可编辑。组合框的默认状态是不可编辑的，需要调用本方法设定为可编辑才能响应选择输入事件。

在 JComboBox 对象上发生的事件分为两类：一是用户选定项目，事件响应程序获取用户所选的项目；二是用户输入项目后按回车键，事件响应程序读取用户的输入。第一类事件的接口是 ItemListener；第二类事件是输入事件，接口是 ActionListener。

9.4.14 菜单条、菜单和菜单项

在Java中，有两种类型的菜单：下拉式菜单和弹出式菜单。本小节只讨论下拉式菜单编程方法。菜单与JComboBox和JCheckBox不同，它在界面中是一直可见的。菜单与JComboBox的相同之处是每次只可选择一个项目。

在下拉式菜单或弹出式菜单中选择一个选项就会产生一个ActionEvent事件。该事件被发送给那个选项的监视器，事件的意义由监视器解释。

1. 菜单条

菜单条（JMenuBar）通常出现在JFrame的顶部，一个菜单条显示多个下拉式菜单的名字。可以用两种方式来激活下拉式菜单：一种是按下鼠标的按钮，并保持按下状态，移动鼠标，直至释放鼠标完成选择，高亮度显示的菜单项即为所选择的；另一种方式是当光标位于菜单条中的菜单名上时，单击鼠标，这时菜单会展开，且高亮度显示菜单项。

JMenuBar 类的实例就是菜单条。例如，以下代码创建菜单条对象 menubar：

```
JMenuBar menubar = new JMenuBar();
```

在窗口中增设菜单条，必须使用 JFrame 类中的 setJMenuBar()方法。例如：

```
setJMenuBar(menubar);
```

JMenuBar 类的常用方法如下：

- add(JMenu m)：将菜单m加入菜单条中。
- countJMenus()：获得菜单条中的菜单条数。
- getJMenu(int p)：取得菜单条中的菜单。
- remove(JMenu m)：删除菜单条中的菜单 m。

2. 菜单

一个菜单条可以放多个菜单（JMenu），每个菜单可以有许多菜单项（JMenuItem）。例如，Eclipse环境的菜单条有File、Edit、Source、Refactor等菜单，每个菜单又有许多菜单项。例如，File菜单有New、Open File、Close、Close All等菜单项。

向窗口增设菜单的方法是：先创建一个菜单条对象，再创建若干菜单对象，把这些菜单对象放在菜单条里，再按要求为每个菜单对象添加菜单项。

由 JMenu 类创建的对象就是菜单。JMenu 类的常用方法如下：

- JMenu()：建立一个空标题的菜单。
- JMenu(String s)：建立一个标题为s的菜单。
- add(JMenuItem item)：向菜单增加由参数item指定的菜单选项。
- add(JMenu menu)：向菜单增加由参数menu指定的菜单，实现在菜单中嵌入子菜单。
- addSeparator()：在菜单选项之间画一条分隔线。

- getItem(int n)：得到指定索引处的菜单项。
- getItemCount()：得到菜单项数目。
- insert(JMenuItem item,int n)：在菜单的位置 n 处插入菜单项 item。
- remove(int n)：删除菜单位置 n 的菜单项。
- removeAll()：删除菜单的所有菜单项。

3．菜单项

JMenuItem 类的实例就是菜单项。JMenuItem 类的常用方法如下：

- JMenuItem()：构造无标题的菜单项。
- JMenuItem(String s)：构造有标题的菜单项。
- setEnabled(boolean b)：设置当前菜单项是否可被选择。
- isEnabled()：返回当前菜单项是否可被用户选择。
- getLabel()：得到菜单项的名称。
- setLabel()：设置菜单项的名称。
- addActionListener(ActionListener e)：为菜单项设置监视器。监视器接受单击某个菜单的动作事件。

4．处理菜单事件

菜单的事件源是用鼠标单击某个菜单项。处理该事件的接口是 ActionListener，要实现的接口方法是 actionPerformed(ActionEvent e)，获得事件源的方法是 getSource()。

5．嵌入子菜单

菜单中的菜单项可以是一个完整的菜单，由于菜单项又可以是另一个完整的菜单，因此可以构造一个层次状的菜单结构，即菜单嵌套。

例如，将上述程序中的有关代码修改如下：

```
Menu menu1,menu2,item4;
MenuItem item3,item5,item6,item41,item42;
```

再插入以下代码创建 item41 和 item42 菜单项，并把它们加入 item4 菜单中：

```
item41= new MenuItem("东方红");
item42 = new MenuItem("牡丹");
item4.add(item41);
item4.add(item42);
```

单击 item4 菜单时，就会打开两个菜单项。

6．设置菜单项的快捷键

可以用 MenuShortcut 类为菜单项设置快捷键，构造方法是 MenuShortcut(int key)。其中，key 可以取值 KeyEvent.VK_A~KenEvent.VK_Z，也可以取 'a' 到 'z' 键码值。菜单项使用 setShortcut(MenuShortcut k)方法来设置快捷键。例如，以下代码设置字母 e 为快捷键：

```
class Herwindow extends Frame implements ActionListener{
```

```
    MenuBar menbar;
    Menu menu;
    MenuItem item;
    MenuShortcut shortcut = new MenuShortcut(KeyEvent.VK_E);
    ...
    item.setShortcut(shortcut);
    ...
}
```

7. 选择框菜单项

菜单也可以包含具有持久的选择状态的选项，这种特殊的菜单可由 JCheckBoxMenuItem 类来定义。JCheckBoxMenuItem 对象跟选择框一样，也能表示一个选项被选中与否，还可以作为一个菜单项加到下拉菜单中。单击 JCheckBoxMenuItem 菜单时，就会在它的左边出现对勾符号或清除对勾符号。例如，在 MenuWindow 中，将下面代码：

```
addItem(menu1,"跑步",this);addItem(menu1,"跳绳",this);
```

改写成以下代码，就会将两个普通菜单项"跑步"和"跳绳"改成两个选择框菜单项：

```
JCheckBoxMenuItem item1 = new JCheckBoxMenuItem("跑步");
JCheckBoxMenuItem item2 = new JCheckBoxMenuItem("跳绳");
item1.setActionCommand("跑步");
item1.addActionListener(this);
menu1.add(item1);
item2.setActionCommand("跳绳");
item2.addActionListener(this);
menu1.add(item2);
```

9.5 布 局

在界面设计中，一个容器要放置许多组件。为了美观起见，可以设置组件安排在容器中的不同位置，这就是布局设计。java.awt 中定义了多种布局类，每种布局类对应一种布局的策略，常用的布局类有以下几种：

- FlowLayout：依次放置组件。
- BoarderLayout：将组件放置在边界上。
- CardLayout：将组件像扑克牌一样叠放，而每次只能显示其中的一个组件。
- GridLayout：将显示区域按行、列划分成一个个相等的格子，组件依次放入这些格子中。
- GridBagLayout：将显示区域划分成许多矩形小单元，每个组件可占用一个或多个小单元。

其中，GridBagLayout 能进行精细的位置控制，也最复杂。本书暂不讨论这种布局策略，请读者参考官网的 API 文档。

每个容器都有一个布局管理器，由它来决定如何安排放入容器内的组件。布局管理器是实现LayoutManager接口的类。

9.5.1 FlowLayout布局

FlowLayout布局（JApplet、JPanel、JScrollPane的默认布局）是将其中的组件按照加入的先后顺序从左到右排列，一行排满之后就转到下一行继续从左到右排列，每一行中的组件都居中排列。这是一种最简便的布局策略，一般用于组件不多的情况，当组件较多时，容器中的组件就会显得高低不平，各行长短不一。

FlowLayout是小应用程序和面板的默认布局，构造方法有以下几种：

- FlowLayout()：生成一个默认的FlowLayout布局。默认情况下，组件居中，间隙为5个像素。
- FlowLayout(int aligment)：设定每行的组件的对齐方式。参数alignment取值可以为FlowLayout.LEFT、FlowLayout.CENTER、FlowLayout.RIGHT。
- FlowLayout(int aligment,int horz, int vert)：设定对齐方式，并设定组件的水平间距horz和垂直间距vert，用超类Container的方法setLayout()为容器设定布局。例如，setLayout(new FlowLayout())为容器设定FlowLayout布局。将组件加入容器的方法是add(组件名)。

9.5.2 BorderLayout布局

BorderLayout布局（JWindow、JFrame、JDialog的默认布局）是把容器内的空间简单划分为东（East）、西（West）、南（South）、北（North）、中（Center）5个区域。加入组件时，应该指明把组件放在哪一个区域中。一个位置放一个组件。如果要在某个位置加入多个组件，那么应先将要加入该位置的组件放在另一个容器中，再将这个容器加入这个位置。

BorderLayout布局的构造方法有以下两种：

- BorderLayout()：生成一个默认的BorderLayout布局，默认情况下没有间隙。
- BorderLayout(int horz,int vert)：设定组件之间的水平间距和垂直间距。

BorderLayout布局策略的设定方法是setLayout(new BorderLayout())。将组件加入容器的方法是add(组件名，位置)。如果加入组件时没有指定位置，则默认为"中"。

9.5.3 GridLayout布局

GridLayout布局是把容器划分成若干行和列的网格状，行数和列数由程序控制，组件放在网格的小格子中。GridLayout布局的特点是组件定位比较精确。由于GridLayout布局中每个网格具有相同的形状和大小，因此要求放入容器的组件保持相同的大小。

GridLayout布局的构造方法有以下几种：

- GridLayout()：生成一个单列的GridLayout布局，默认情况下无间隙。
- GridLayout(int row,int col)：设定一个有行（row）和列（col）的GridLayout布局。
- GridLayout(int row,int col,int horz,int vert)：设定布局的行数和列数、组件的水平间距和垂直间距。

GridLayout布局以行为基准，当放置的组件个数超额时自动增加列；反之，组件太少会自动减少列,行数不变,组件按行优先顺序排列(根据组件自动增减列)。GridLayout布局的每个网格必须填入组件,如果希望某个网格为空白,就可以用一个空白标签(add(new Label()))顶替。

GridLayout布局要求所有组件的大小保持一致,这可能会使界面外观不够美观。一个补救的办法是让一些小组件合并放在一个容器中,然后把这个容器作为组件再放入GridLayout布局中。这就是前面所说的容器嵌套。例如,容器A使用GridLayout布局,将容器均分为网格;在容器B和C中放入若干组件后,再把B和C分别作为组件添加到容器A中。容器B和C可以设置为GridLayout布局,把自己分为若干网格;也可以设置成其他布局。从外观来看,各组件的大小就有了差异。

9.5.4 CardLayout布局

采用CardLayout布局的容器虽可容纳多个组件,但多个组件拥有同一个显示空间,某一时刻只能显示一个组件。就像一叠扑克牌每次只能显示最上面的一张一样,这个显示的组件将占据容器的全部空间。CardLayout布局的设计步骤如下:

先创建 CardLayout 布局对象,然后使用 setLayout()方法为容器设置布局。最终,调用容器的 add()方法将组件加入容器。CardLayout 布局策略加入组件的方法如下:

```
add(组件代号,组件);
```

其中,组件代号是字符串,与组件名无关。

例如,以下代码为一个 JPanel 容器设定 CardLayout 布局:

```
CardLayout myCard = new CardLayout();//创建 CardLayout 布局对象
JPanel p = new JPanel();//创建 Panel 对象
p.setLayout(myCard);
```

用 CardLayout 类提供的方法显示某一组件的方式有以下两种:

(1)使用 show(容器名,组件代号)形式的代码,指定某个容器中的某个组件显示。例如,以下代码指定容器 p 的组件代号 k,并显示这个组件:

```
myCard.show(p,k);
```

(2)按组件加入容器的顺序显示组件。

- first(容器): myCard.first(p)。
- last(容器): myCard.last(p)。
- next(容器): myCard.next(p)。
- previous(容器): myCard.previous(p)。

在以下小应用程序中,面板容器 p 使用 CardLayout 布局策略设置 10 个标签组件。窗口设有 4 个按钮,分别负责显示 p 的第一个组件、最后一个组件、当前组件的前一个组件和当前组件的后一个组件。

【文件 9.5】 Example2.java

```java
import java.applet.*;import java.awt.*;
import java.awt.event.*;import javax.swing.*;
class MyPanel extends JPanel{
    int x;JLabel label1;
    MyPanel(int a){
        x=a;getSize();
        label1=new JLabel("我是第"+x+"个标签");add(label1);
    }
    public Dimension getPreferredSize(){
        return new Dimension(200,50);
    }
}
public class Example2 extends Applet implements ActionListener{
    CardLayout mycard;MyPanel myPanel[];JPanel p;
    private void addButton(JPanel pan,String butName,ActionListener listener){
        JButton aButton=new JButton(butName);
        aButton.addActionListener(listener);
        pan.add(aButton);
    }
    public void init(){
        setLayout(new BorderLayout());//小程序的布局是边界布局
        mycard=new CardLayout();
        this.setSize(400,150);
        p=new JPanel();p.setLayout(mycard);//p 的布局设置为卡片式布局
        myPanel=new MyPanel[10];
        for(int i=0;i<10;i++){
            myPanel[i]=new MyPanel(i+1);
            p.add("A"+i,myPanel[i]);
        }
        JPanel p2=new JPanel();
        addButton(p2,"第一个",this);
        addButton(p2,"最后一个",this);
        addButton(p2,"前一个",this);
        addButton(p2,"后一个",this);
        add(p,"Center"); add(p2,"South");
    }
    public void actionPerformed(ActionEvent e){
        if (e.getActionCommand().equals("第一个"))mycard.first(p);
        else if(e.getActionCommand().equals("最后一个"))mycard.last(p);
        else if(e.getActionCommand().equals("前一个"))mycard.previous(p);
        else if(e.getActionCommand().equals("后一个"))mycard.next(p);
    }
}
```

9.5.5 null布局与setBounds方法

空布局就是把一个容器的布局设置为 null 布局。空布局采用 setBounds()方法设置组件本身的大小和在容器中的位置：

```
setBounds(int x,int y,int width,int height)
```

组件所占的区域是一个矩形，参数x和y是组件的左上角在容器中的位置坐标，参数weight

和height是组件的宽和高。空布局安置组件的办法分两个步骤：先使用add()方法为容器添加组件；然后调用setBounds()方法设置组件在容器中的位置和组件本身的大小。与组件相关的方法还有以下几种：

- getSize().width。
- getSize().height。
- setVgap(ing vgap)。
- setHgap(int hgap)。

9.6　实训9：超市管理系统图形登录界面

1．需求说明

设计一个超市管理系统的前台登录界面，能够实现用户登入的功能。

2．训练要点

（1）熟悉Java图形界面编程设计的方法。
（2）掌握基本GUI界面的设计方法。

3．实现思路

（1）使用Java图形界面编程的方法，设计超市管理系统的登录界面。
（2）通过键盘输入用户名和密码可以通过登录界面进入商品信息展示界面。

4．解决方案及关键代码

（1）创建一个主要框架，作为登录框架：

```
public class login{
    public static void main(String[] args) {
        JFrame jFrame = new JFrame("登录");
        jFrame.setSize(900,507);
        jFrame.setLayout(null);
```

（2）添加标签和输入框，设置属性：

```
JLabel textStudentManage = new JLabel("超市管理系统");
textStudentManage.setForeground(new Color(0x0010FF));
textStudentManage.setFont(new Font("黑体", Font.PLAIN,50));
textStudentManage.setBounds(280,50,800,100);
jFrame.add(textStudentManage);
JLabel textUser = new JLabel("用户名:");
textUser.setForeground(new Color(0xFF0000));
textUser.setFont(new Font("黑体", Font.PLAIN,30));
textUser.setBounds(200,140,200,100);
jFrame.add(textUser);
JTextField user = new JTextField(20);
user.setFont(new Font("黑体", Font.PLAIN,18));
```

```
user.setSelectedTextColor(new Color(0xFF0000));
user.setBounds(330,170,280,40);
jFrame.add(user);
```

（3）对按钮事件进行处理：

```
jButton.addActionListener((e -> {
    String pwd = new String(password.getPassword());
    if(user.getText().equals("admin")){
        if(pwd.equals("123456")){
            jFrame.setVisible(false);//将登录界面设定为不可见
            new marketManage().StudentMainInterface();
        }else{
            JOptionPane.showMessageDialog(jFrame,"密码错误","提示",
JOptionPane.INFORMATION_MESSAGE);}
    }
```

（4）设计一个登入之后的页面：

```
public void StudentMainInterface(){
    //创建一个窗口,并设置窗口名称为"登录"
    JFrame jFrame = new JFrame("超市管理系统");
```

9.7 对 话 框

对话框是为了人机对话过程提供交互模式的工具。应用程序通过对话框给用户提供信息，或从用户获得信息。对话框是一个临时窗口，可以在其中放置用于得到用户输入的控件。在Swing中，有两个对话框类，分别是JDialog类和JOptionPane类。JDialog类提供构造函数并管理通用对话框；JOptionPane类给一些常见的对话框提供许多便于使用的选项，例如简单的yes-no对话框等。

9.7.1 JDialog类

JDialog类作为对话框的基类。与一般窗口不同的是，对话框依赖其他窗口，当它所依赖的窗口消失或最小化时，对话框也将消失；窗口还原时，对话框又会自动恢复。

对话框分为强制型和非强制两种类型。强制型对话框不能中断对话过程，直至对话框结束才能让程序响应对话框以外的事件。非强制型对话框可以中断对话过程，去响应对话框以外的事件。强制型对话框也称为有模式对话框，非强制型对话框也称为非模式对话框。

JDialog对象也是一种容器，因此可以给JDialog对话框指派布局管理器，对话框的默认布局为BoarderLayout，但组件不能直接加到对话框中，对话框也包含一个内容面板，应当把组件加到JDialog对象的内容面板中。由于对话框依赖窗口，因此要建立对话框时必须先创建一个窗口。

JDialog 类常用的构造方法有 3 个：

- JDialog()：构造一个初始化不可见的非强制型对话框。
- JDialog(JFramef,String s)：构造一个初始化不可见的非强制型对话框，参数f设置对话框所依赖的窗口，参数s用于设置标题。通常先声明一个JDialog类的子类，然后创建这个子类的一个对象。

- JDialog(JFrame f,String s,boolean b)：构造一个标题为s、初始化不可见的对话框。参数f设置对话框所依赖的窗口，参数b决定对话框是强制型还是非强制型。

JDialog 类的其他常用方法如下：

- getTitle()：获取对话框的标题。
- setTitle(String s)：设置对话框的标题。
- setModal(boolean b)：设置对话框的模式。
- setSize()：设置对话框的大小。
- setVisible(boolean b)：显示或隐藏对话框。

以下小应用程序声明一个用户窗口类和对话框类。用户窗口有两个按钮和两个文本框，当单击某个按钮时，对应的对话框被激活。在对话框中输入相应信息，单击对话框的确定按钮。确定按钮的监视方法将对话框中输入的信息传送给用户窗口，并在用户窗口的相应文本框中显示选择信息。

【文件 9.6】 Example3.java

```java
import java.applet.*
import javax.swing.*;
import java.awt.*;
import java.awt.event.*;
class MyWindow extends JFrame implements ActionListener{
    private JButton button1,button2;
    private static int flg=0;
    private static JTextField text1,text2;
    Mywindow(String s){
        super(s);
        Container con = this.getContentPane();
        con.setLayout(new GridLayout(2,2));
        this.setSize(200,100);
        this.setLocation(100,100);
        button1 = new JButton("选择水果");
        button2 = new JButton("选择食品");
        button1.addActionListener(this);
        button2.addActionListener(this);
        text1 = new JTextField(20);
        text2 = new JTextField(20);
        con.add(button1);
        con.add(button2);
        con.add(text1);
        con.add(text2);
        this.setVisible(true);
        this.pack();
    }
    public static void returnName(String s){
        if(flg ==1)
            text1.setText("选择的水果是："+s);
        else if(flg == 2)
            text2.setText("选择的食品是："+s);
    }
    public void actionPerformed(ActionEvent e){
```

```java
        MyDialog dialog;
        if(e.getSource()==button1){
            dialog = new MyDialog(this,"水果");
            dialog.setVisible(true);
            flg =1;
        }
        else if(e.getSource()==button2){
            dialog =new MyDialog(this,"食品");
            dialog.setVisible(true);
            flg=2;
        }
    }
}
class MyDialog extends JDialog implements ActionListener{
    JLabel title;
    JTextField text;
    JButton done;
    Mydialog(JFrame F,String s){
        super(F,s,true);//模态
        Container con = this.getContentPane();
        title = new JLabel("输入"+s+"名称");
        text = new JTextField(10);
        text.setEditable(true);
        con.setLayout(new FlowLayout());
        con.setSize(200,100);
        setModal(false);
        done = new JButton("确定");
        done.addActionListener(this);
        con.setVisible(true);
        this.pack();
    }
    public void actionPerformed(ActionEvent e){
        MyWindow.returnName(text.getText());
        setVisible(false);
        dispose();
    }
}
public class Example extends Applet{
    MyWindow window;
    MyDialog dialog;
    public void init(){
        window = new MyWindow("带对话框窗口");
    }
}
```

上述例子创建的是强制型对话框，改为非强制型对话框就允许用户在对话过程中暂停，与程序的其他部分进行交互。这样在界面中可以看到部分对话的效果。

将上述例子改为非强制型对话框只要做少量的改动即可，首先是将对话框构造方法中的代码"super(F,s,true);"改为"super(F,s,false);"。

9.7.2 JOptionPane类

经常遇到非常简单的对话情况。为了简化常见对话框的编程，JOptionPane 类定义了 4 个

简单对话框类型，如表 9-4 所示。JOptionPane 类提供一组静态方法，让用户选用某种类型的对话框。下面的代码是选用确认对话框：

```
    int result = JOptionPane.showConfirmDialog(parent,"确实要退出吗", "退出确认",
JOptionPane.YES_NO_CANCEL_OPTION);
```

其中，方法名的中间部分文字 Confirm 是创建对话框的类型，指明选用确认对话框。将文字 Confirm 改为另外三种类型的某一个就成为相应类型的对话框。上述代码的四个参数的意义是：第一个参数指定这个对话框的父窗口；第二个参数是对话框显示的文字；第三个参数是对话框的标题；最后一个参数指明对话框有三个按钮，分别为"是（Y）""否（N）"和"撤销"。方法的返回结果是用户响应了这个对话框后的结果，如表 9-5 所示。

输入对话框以列表或文本框形式请求用户输入选择信息，用户可以从列表中选择选项或从文本框中输入信息。以下是一个从列表中选择运行项目的输入对话框的示意代码：

```
String result = (String)JOptionPane.showInputDialog(parent,
        "请选择一项运动项目", "这是运动项目选择对话框",
        JOptionPane.QUESTION_MESSAGE,null,
        new Object[]{"踢足球","打篮球","跑步","跳绳"},"跑步");
```

第四个参数是信息类型，如表 9-6 所示。第五个参数在这里没有特别的作用，总是用 null，第六个参数定义了一个供选择的字符串数组，第七个参数是选择的默认值。对话框中还包括"确定"和"撤销"两个按钮。

表 9-4　JOptionPane 对话框的类型

类　型	说　明
输入	通过文本框、列表或其他手段输入，另有"确定"和"撤销"按钮
确认	提出一个问题，待用户确认，另有"是（Y）""否（N）"和"撤销"按钮
信息	显示一条简单的信息，另有"确定"和"撤销"按钮
选项	显示一列供用户选择的选项

表 9-5　由 JOptionPane 对话框返回的结果

返回结果	说　明
YES_OPTION	用户单击了"是（Y）"按钮
NO_OPTION	用户单击了"否（N）"按钮
CANCEL_OPTION	用户单击了"撤销"按钮
OK_OPTION	用户单击了"确定"按钮
CLOSED_OPTION	用户没单击任何按钮，关闭对话框窗口

表 9-6　JOptionPane 对话框的信息类型选项

信息类型	说　明
PLAIN_MESSAGE	不包括任何图标
WARNING_MESSAGE	包括一个警告图标
QUESTION_MESSAGE	包括一个问题图标

(续表)

信息类型	说　明
INFORMATIN_MESSAGE	包括一个信息图标
ERROR_MESSAGE	包括一个出错图标

有时只是想简单地输出一些信息，并不要求用户有反馈，这样的对话框可用以下形式的代码创建：

```
JOptionPane.showMessageDialog(parent, "这是一个Java程序",
    "我是输出信息对话框", JOptionPane.PLAIN_MESSAGE);
```

上述代码中前三个参数的意义与前面所述的 showInputDialog 方法相同，最后的参数指定信息类型为不包括任何图标，参见表 9-6。

9.8　鼠　标　事　件

鼠标事件的事件源往往与容器相关，当鼠标进入容器、离开容器或者在容器中单击鼠标、拖动鼠标时都会发生鼠标事件。Java语言为处理鼠标事件提供两个接口：MouseListener和MouseMotionListener接口。

9.8.1　MouseListener接口

MouseListener接口能处理5种鼠标事件：按下鼠标、释放鼠标、单击鼠标、鼠标进入、鼠标退出。相应的方法有：

- getX()：获取鼠标的X坐标。
- getY()：获取鼠标的Y坐标。
- getModifiers()：获取鼠标的左键或右键。
- getClickCount()：获取鼠标被单击的次数。
- getSource()：获取发生鼠标单击的事件源。
- addMouseListener（监视器）：添加监视器。
- removeMouseListener（监视器）：移去监视器。

实现 MouseListener 接口的方法有以下几种：

- mousePressed(MouseEvent e)
- mouseReleased(MouseEvent e)
- mouseEntered(MouseEvent e)
- mouseExited(MouseEvent e)
- mouseClicked(MouseEvent e)

以下小应用程序设置了一个文本区，用于记录一系列鼠标事件。当鼠标进入小应用程序窗口时，文本区显示"鼠标进来"；当鼠标离开窗口时，文本区显示"鼠标走开"；当鼠标被按下时，文本区显示"鼠标按下"；当鼠标被双击时，文本区显示"鼠标双击"，并显示鼠标的坐标。程序中还要求显示一个红色的圆，当单击鼠标时，圆的半径会不断变大。

【文件 9.7】 Example4.java

```java
import java.applet.*;
import javax.swing.*;
import java.awt.*;
import java.awt.event.*;
class MyPanel extends JPanel{
    public void print(int r){
        Graphics g = getGraphics();
        g.clearRect(0,0,this.getWidth(),this.getHeight());
        g.setColor(Color.red);
        g.fillOval(10,10,r,r);
    }
}
class MyWindow extends JFrame implements MouseListener{
    JTextArea text;
    MyPanel panel;
    int x,y,r =10;
    int mouseFlg=0;
    static String mouseStates[]={"鼠标按下","鼠标松开","鼠标进来","鼠标走开","鼠标双击"};
    MyWindow(String s){
        super(s);
        Container con = this.getContentPane();
        con.setLayout(new GridLayout(2,1));
        this.setSize(200,300);
        this.setLocation(100,100);
        panel = new MyPanel();
        con.add(panel);
        text = new JTextArea(10,20);
        text.setBackground(Color.blue);
        con.add(text);
        addMouseListener(this);
        this.setVisible(true);
        this.pack();
    }
    public void paint(Graphics g){
        r = r+4;
        if(r>80){
            r=10;
        }
        text.append(mouseStates[mouseFlg]+"了，位置是： " +x+","+y+"\n");
        panel.print(r);
    }
    public void mousePressed(MouseEvent e){
        x = e.getX();
        y = e.getY();
        mouseFlg = 0;
        repaint();
    }
    public void mouseRelease(MouseEvent e){
```

```
            x = e.getX();
            y = e.getY();
            mouseFlg = 1;
            repaint();
        }
        public void mouseEntered(MouseEvent e){
            x = e.getX();
            y = e.getY();
            mouseFlg = 2;
            repaint();
        }
        public void mouseExited(MouseEvent e){
            x = e.getX();
            y = e.getY();
            mouseFlg = 3;
            repaint();
        }
        public void mouseClicked(MouseEvent e){
            if(e.getClickCount()==2){
                x = e.getX();
                y = e.getY();
                mouseFlg = 4;
                repaint();
            }
            else{}
        }
}
public class Example4 extends Applet{
    public void init(){
        MyWindow myWnd = new MyWindow("鼠标事件示意程序");
    }
}
```

任何组件上都可以发生鼠标事件：鼠标进入、鼠标退出、按下鼠标等。例如，在上述程序中添加一个按钮，并给按钮对象添加鼠标监视器，将上述程序中的init()方法修改成如下形式，就能示意按钮上的所有鼠标事件。

```
JButton button;
public void init(){
    button = new JButton("按钮也能发生鼠标事件");
    r = 10;
    text = new JTextArea(15,20);
    add(button);
    add(text);
    button.addMouseListener(this);
}
```

如果程序希望进一步知道按下或单击的是鼠标左键或右键，鼠标的左键或右键可用InputEvent类中的常量BUTTON1_MASK和BUTTON3_MASK来判定。例如，以下表达式判断是否按下或单击了鼠标右键：

```
e.getModifiers()==InputEvent. BUTTON3_MASK
```

9.8.2　MouseMotionListener接口

MouseMotionListener 接口处理拖动鼠标和鼠标移动两种事件。

注册监视器的方法如下：

- addMouseMotionListener（监视器）

要实现的接口方法有以下两个：

- mouseDragged(MouseEvent e)
- mouseMoved(MouseEvent e)

以下小程序是一个滚动条与显示窗口同步变化的应用程序。窗口中有一个方块，用鼠标拖运方块，或用鼠标单击窗口，方块改变显示位置，相应水平和垂直滚动条的滑块也会改变它们在滚动条中的位置。反之，移动滚动条的滑块，方块在窗口中的显示位置也会改变。

【文件 9.8】　Example5.java

```java
import javax.swing.*;
import java.awt.*;
import java.awt.event.*;
class MyWindow extends JFrame{
    public MyWindow(String s){
        super(s);
        Container con = this.getContentPane();
        con.setLayout(new BorderLayout());
        this.setLocation(100,100);
        JScrollBar xAxis = new JScrollBar(JScrollBar.HORIZONTAL,50,1,0,100);
        jScrollBar yAxis = new jScrollBar(JScrollBar.VERTICAL,50,1,0,100);
        MyListener listener = new MyListener(xAxis,yAxis,238,118);
        Jpanel scrolledCanvas = new JPanel();
        scrolledCanvas.setLayout(new BorderLayout());
        scrolledCanvas.add(listener,BorderLayout.CENTER);
        scrolledCanvas.add(xAix,BorderLayout.SOUTH);
        scrolledCanvas.add(yAix,BorderLayout.EAST);
        con.add(scrolledCanvas,BorderLayout.NORTH);
        this.setVisible(true);
        this.pack();
    }
    public Dimension getPreferredSize(){
        return new Dimension(500,300);
    }
}
class MyListener extends JComponent implements MouseListener,
MouseMotionListener,AdjustmentListener{
    private int x,y;
    private JScrollBar xScrollBar;
    private JScrollBar yScrollBar;
    private void updateScrollBars(int x,int y){
        int d;
        d = (int)(((float)x/(float)getSize().width)*100.0);
```

```java
            xScrollBar.setValue(d);
            d = (int)(((float)y/(float)getSize().height)*100.0);
            yScrollBar.setValue(d);
        }
        public MyListener(JScrollBar xaxis,JScrollBar yaxis,int x0,int y0){
            xScrollBar =xaxis;
            yScrollBar =yaxis;
            x = x0;
            y=y0;
            xScrollBar.addAdjustmentListener(this);
            yScrollBar.addAdjustmentListener(this);
            this.addMouseListener(this);
            this.addMouseMotionListener(this);
        }
        public void paint(Graphics g){
            g.setColor(getBackground());
            Dimension size = getSize();
            g.fillRect(0,0,size.width,size.height);
            g.setColor(Color.blue);
            g.fillRect(x,y,50,50);
        }
        public void mouseEntered(MouseEvent e){}
        public void mouseExited(MouseEvent e){}
        public void mouseClicked(MouseEvent e){}
        public void mouseRelease(MouseEvent e){}
        public void mouseMoved(MouseEvent e){}
        public void mousePressed(MouseEvent e){
            x = e.getX();
            y = e.getY();
            updateScrollBars(x,y);
            repaint();
        }
        public void mouseDragged(MouseEvent e){
            x = e.getX();
            y = e.getY();
            updateScrollBars(x,y);
            repaint();
        }
        public void adjustmentValueChanged(AdjustmentEvent e){
            if(e.getSource()==xScrollBar)
                x=(int)((float)(xScrollBar.getValue()/100.0)*getSize().width);
            else if(e.getSource()==yScrollBar)
                y = (int)((float)(yScrollBar.getValue()/100.0)*getSize().height);
            repaint();
        }
    }
}
public class Example5{
    public static void main(){
        MyWindow myWindow = new MyWindow("滚动条示意程序");
    }
}
```

在上述例子中，如果只要求通过滑动滑块来改变内容的显示位置，可以简单地使用滚动面板 JScrollPane。如果是这样，关于滚动条的创建和控制都可以免去，直接由 JScrollPane 内部实现。参见以下修改后的 MyWindow 的定义：

```
class MyWindow extends JFrame{
    public MyWindow(String s){
        super(s);
        Container con = this.getContentPane();
        con.setLayout(new BorderLayout());
        this.setLocaltion(100,100);
        MyListener listener = new MyListener();
        listener.setPreferredSize(new Dimension(700,700));
        JScrollPane scrolledCanvas = new JScrollPane(listener);
        this.add(scrolledCanvas,BorderLayout.CENTER);
        this.setVisible(true);
        this.pack();
    }
    public Dimension getPreferredSize(){
        return new Dimension(400,400);
    }
}
```

鼠标指针形状也能由程序控制。setCursor()方法能设置鼠标指针形状，例如 setCursor(Cursor.getPredefinedCursor(cursor.WAIT_CURSOR))。

9.9 键盘事件

键盘事件的事件源一般与组件相关。当一个组件处于激活状态时，按下、释放或敲击键盘上的某个键时就会发生键盘事件。键盘事件的接口是 KeyListener，注册键盘事件监视器的方法是 addKeyListener(监视器)。实现 KeyListener 接口有 3 种方法：

- keyPressed(KeyEvent e)：键盘上某个键被按下。
- keyReleased(KeyEvent e)：键盘上某个键先被按下再释放。
- keyTyped(KeyEvent e)：keyPressed和keyReleased两种方法的组合。

管理键盘事件的类是 KeyEvent，该类提供以下方法：

- public int getKeyCode()

此方法获得按动的键码，键码表在KeyEvent类中定义。

以下小应用程序有一个按钮和一个文本区，按钮作为发生键盘事件的事件源，并对它实施监视。程序运行时，先单击按钮，让按钮激活。以后输入英文字母时，在正文区显示输入的字母。字母显示时，字母之间用空格符分隔，且满10个字母时换行显示。

【文件 9.9】 Example6.java

```
import java.applet.*
import java.awt.*;
import java.awt.event.*;
public class Example6 extends Applet implements KeyListener{
    int count =0;
    Button button = new Button();
```

```
TextArea text = new TextArea(5,20);
public void init(){
    button.addKeyListener(this);
    add(button);add(text);
}
public void keyPressed(KeyEvent e){
    int t = e.getKeyCode();
    if(t>=KeyEvent.VK_A&&t<=KeyEvent.VK_Z){
        text.append((char)t+" ");
        count++;
        if(count%10==0)
            text.append("\n");
    }
}
public void keyTyped(KeyEvent e){}
public void keyReleased(KeyEvent e){}
}
```

9.10 本章总结

本章主要讲了Swing组件及事件。Swing开发在Java中虽然不是重点，但是可以通过Swing的学习掌握程序与用户交互的基本思想。学习完本章，必须掌握界面的基本开发、布局设置和事件响应，能写出基本的GUI应用程序界面。

9.11 课后练习

1. Swing中有哪些布局管理器？
2. 简述Swing事件模型的三部分及各自的含义。

第三专题

Java API高级编程

本专题主要讲解了Java集合、Java 多线程、Java网络编程、IO流、Java反射机制。本专题对应的贯穿项目案例为：Java端到端聊天系统，具体项目需求和最终效果描述如下。

Java端到端聊天系统包括用户注册、用户登录、添加好友、好友聊天四大功能。基本需求和效果如下。

1. 用户注册

启动服务器端，等待客户端的连接，处理客户端请求。服务器端窗体如专题三图1所示。

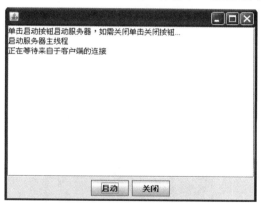

专题三图1

打开客户端的登录窗体，在登录窗体上应有注册的按钮。登录窗体如专题三图2所示。

专题三图2

单击注册按钮，显示注册窗体，输入注册信息，注册成功会显示随机生成的用户账号，如专题三图3、专题三图4所示。

专题三图3

专题三图4

2. 用户登录

启动服务器端，等待客户端的连接，处理客户端请求。服务器端窗体如专题三图5所示。

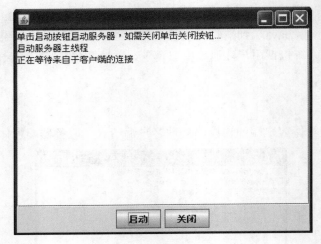
专题三图5

打开客户端的登录窗体，登录窗体如专题三图6所示。可以在登录窗体上输入账号和密码。

专题三图6

如果登录失败，会有如专题三图7、专题三图8所示的信息提示。

专题三图7

专题三图8

3. 添加好友

登录成功后显示聊天主窗体，在主窗体中显示用户姓名、好友列表、好友在线状态，在主窗体上有"添加好友"按钮。聊天主窗体如专题三图9所示。

专题三图9

单击"添加好友"按钮，会出现输入窗体提示输入好友账号。如果账号不存在，就提示添加失败信息。如专题三图10、专题三图11所示。

　　专题三图10　　　　　　　　　　　专题三图11

添加好友成功，会显示聊天主窗体。如专题三图12所示。

专题三图12

4. 与好友聊天

打开聊天主窗体。在聊天主窗体上双击在线好友名称，打开与好友聊天的窗体，窗体标题显示聊天好友用户账号和IP地址，在下面的文本框中输入信息，单击"发送"按钮实现与好友聊天功能。如专题三图13所示。

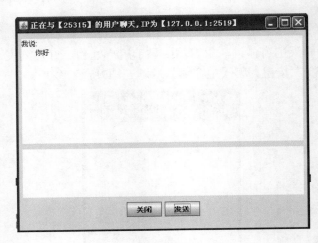

专题三图13

我们能接收到聊天好友发送的聊天信息。如专题三图14所示。

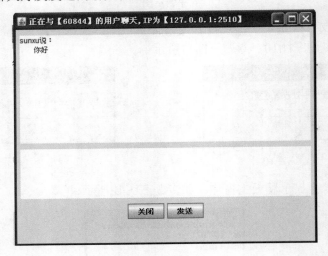

专题三图14

环境要求：

- 要求使用Eclipse控制台开发程序。
- 要求使用Swing（窗体代码已提供）、集合、文件/IO、Socket通信、多线程、反射来实现所有功能。
- 分阶段掌握使用Socket通信和多线程实现局域网网络编程。

第 10 章 Java集合

Java平台提供了一个全新的集合框架。集合框架主要由一组用来操作对象的接口组成。不同接口拥有自己的实现类。简易的集合类的体系结构如图10-1所示。

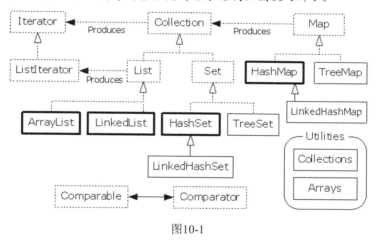

图10-1

一般情况下，将接口分为以下三部分来讲解：

- Set接口：继承Collection，但不允许重复，使用自己内部的一个排列机制。
- List接口：继承Collection，允许重复，以安插时的次序来放置元素，不会重新排列。
- Map接口：一组成对的键-值对象，即所持有的是key-value pairs。Map中不能有重复的key，拥有自己的内部排列机制。

10.1 Collection接口

java.util.Collection是List、Set的父类，在Collection中定义了一些通用的操作。

（1）单元素添加、删除操作。

- boolean add(Object o)：将对象添加给集合。
- boolean remove(Object o)：如果集合中有与o相匹配的对象，则删除对象o。

（2）查询操作。

- int size()：返回当前集合中元素的数量。
- boolean isEmpty()：判断集合中是否有任何元素。
- boolean contains(Object o)：查找集合中是否含有对象o。
- Iterator iterator()：返回一个迭代器，用来访问集合中的各个元素。

（3）组操作：作用于元素组或整个集合。

- boolean containsAll(Collection c)：查找集合中是否含有集合c中的所有元素。
- boolean addAll(Collection c)：将集合c中的所有元素添加给该集合。
- void clear()：删除集合中的所有元素。
- void removeAll(Collection c)：从集合中删除集合c中的所有元素。
- void retainAll(Collection c)：从集合中删除集合c中不包含的元素。

（4）Collection 转换为 Object 数组。

- Object[] toArray()：返回一个内含集合所有元素的array。
- Object[] toArray(Object[] a)：返回一个内含集合所有元素的array。运行期返回的array和参数a的类型相同，需要转换为正确类型。

此外，你还可以把集合转换成其他任何对象数组。但是，你不能直接把集合转换成基本数据类型的数组，因为集合必须持有对象。

Collection不提供get()方法。如果要遍历Collectin中的元素，就必须用Iterator。

10.1.1 AbstractCollection抽象类

AbstractCollection类提供具体集合框架类的基本功能。虽然我们可以自行实现Collection接口的所有方法，但是除了iterator()和size()方法在恰当的子类中实现以外，其他方法都由AbstractCollection类来提供实现。如果子类不覆盖某些方法，可选的add()之类的方法将抛出异常。

10.1.2 Iterator接口

Collection接口的iterator()方法返回一个Iterator。Iterator接口方法能以迭代方式逐个访问集合中的各个元素，并安全地从Collection中除去适当的元素。

（1）boolean hasNext()：判断是否存在另一个可访问的元素。

（2）Object next()：返回要访问的下一个元素。如果到达集合结尾，则抛出NoSuchElementException异常。

（3）void remove()：删除上次访问返回的对象。本方法必须紧跟在一个元素的访问后执行。如果上次访问后集合已被修改，那么方法将抛出IllegalStateException异常。

10.2 List接口

List接口继承了Collection接口，以定义一个允许重复项的有序集合。该接口不但能够对列表的一部分进行处理，还添加了面向位置的操作。

（1）面向位置的操作包括插入某个元素或 Collection 的功能，还包括获取、除去或更改元素的功能。在 List 中搜索元素可以从列表的头部或尾部开始，如果找到元素，就将报告元素所在的位置。

- void add(int index, Object element)：在指定位置index上添加元素element。
- boolean addAll(int index, Collection c)：将集合c的所有元素添加到指定位置index。
- Object get(int index)：返回List中指定位置的元素。
- int indexOf(Object o)：返回第一个出现元素o的位置，否则返回-1。
- int lastIndexOf(Object o)：返回最后一个出现元素o的位置，否则返回-1。
- Object remove(int index)：删除指定位置上的元素。
- Object set(int index, Object element)：用元素element取代位置index上的元素，并且返回旧的元素。

（2）List 接口不但以位置序列迭代地遍历整个列表，还能处理集合的子集。

- ListIterator listIterator()：返回一个列表迭代器，用来访问列表中的元素。
- ListIterator listIterator(int index)：返回一个列表迭代器，用来从指定位置index开始访问列表中的元素。
- List subList(int fromIndex, int toIndex)：返回从指定位置fromIndex（包含）到toIndex（不包含）范围中各个元素的列表视图。

对子列表的更改（如 add()、remove()和 set()调用）对底层 List 也有影响。

在集合框架中有两种常规的List实现：ArrayList和LinkedList。使用两种List实现的哪一种取决于特定的需要。如果要支持随机访问，而不必在除尾部的任何位置插入或除去元素，那么ArrayList提供了可选的集合。如果要频繁地从列表的中间位置添加和除去元素，并且只要顺序地访问列表元素，那么LinkedList实现更好。

1．LinkedList类

LinkedList 类添加了一些处理列表两端元素的方法。

- void addFirst(Object o)：将对象o添加到列表的开头。
- void addLast(Object o)：将对象o添加到列表的结尾。
- Object getFirst()：返回列表开头的元素。

- Object getLast()：返回列表结尾的元素。
- Object removeFirst()：删除并且返回列表开头的元素。
- Object removeLast()：删除并且返回列表结尾的元素。
- LinkedList()：构建一个空的链接列表。
- LinkedList(Collection c)：构建一个链接列表，并且添加集合c的所有元素。使用这些新方法，你就可以轻松地把LinkedList当作一个堆栈、队列或其他面向端点的数据结构。

2. ArrayList类

ArrayList类封装了一个动态再分配的Object[]数组。每个ArrayList对象有一个capacity。这个capacity表示存储列表中元素的数组的容量。当元素添加到ArrayList时，它的capacity在常量时间内自动增加。

下面来看一下如何创建和使用ArrayList对象。示例如下。

【文件10.1】　TestList.java

```java
import java.util.ArrayList;
import java.util.List;

public class TestList {
    public static void main(String[] args) {
        List books = new ArrayList();
        //向books集合中添加三个元素
        books.add(new String("轻量级 J2EE 企业级应用实战"));
        books.add(new String("Struts2 权威指南"));
        books.add(new String("Ajax 宝典"));
        System.out.println(books);
        //将新字符串对象插入第二个位置
        books.add(1, new String("Jsp 实战"));
        for(int i = 0; i<books.size(); i++){
            System.out.println(books.get(i));
        }

        //删除第三个元素
        books.remove(2);
        System.out.println(books);
        //判断指定元素在 List 集合中的位置：输出1，表明位于第二位
        System.out.println(books.indexOf(new String("Jsp 实战")));
        //将第二个元素替换成新的字符串对象
        books.set(1, new String("Struts2 权威指南"));
        System.out.println(books);
        //将 books 集合的第二个元素（包括）到第三个元素（不包括）截取成子集合
        System.out.println(books.subList(1, 2));
    }
}
```

如果要对books列表进行排序，可以使用Collections类的sort方法进行，排序规则会根据String对象的比较规则而定，如果集合中的元素类型是自定义类型，则该排序方法可能报错（具体在10.3.2节讲解）。

```java
Collections.sort(books)
for(int i = 0; i<books.size(); i++){
```

```
        System.out.println(books.get(i));
}
```

10.3　Set接口

Set接口继承Collection接口，而且不允许集合中存在重复项，每个具体的Set实现类依赖添加的对象的equals()方法来检查唯一性。Set接口没有引入新方法，所以Set就是一个Collection，只不过其行为不同。

10.3.1　Hash表

Hash表是一种数据结构，用来查找对象。Hash表为每个对象计算出一个整数，称为Hash Code（哈希码）。Hash表是一个链接式列表的阵列。每个列表称为一个buckets（哈希表元）。对象位置的计算方式为index = HashCode % buckets。注意：HashCode为对象哈希码，buckets为哈希表元总数。

当你添加元素时，有时会遇到填充了元素的哈希表元，这种情况称为Hash Collisions（哈希冲突）。这时，你必须判断该元素是否已经存在于哈希表中。

如果哈希码是合理地随机分布的，并且哈希表元的数量足够大，那么哈希冲突的数量就会减少。同时，你也可以通过设定一个初始的哈希表元数量来更好地控制哈希表的运行。初始哈希表元的数量为：buckets = size×150% + 1，其中size为预期元素的数量。

如果哈希表中的元素放得太满，就必须进行rehashing（再哈希）。再哈希使哈希表元数增倍，并将原有的对象重新导入新的哈希表元中，而原始的哈希表元被删除。load factor（加载因子）决定何时要对哈希表进行再哈希。在Java编程语言中，加载因子的默认值为0.75，默认哈希表元为101。

10.3.2　Comparable接口和Comparator接口

在集合框架中有两种比较接口：Comparable接口和Comparator接口。String和Integer等Java内建类可以实现Comparable接口，以提供一定的排序方式，但是这样只能实现该接口一次。对于那些没有实现Comparable接口的类或者自定义的类，可以通过Comparator接口来定义比较方式。

1. Comparable接口

在java.lang包中，Comparable接口适用于一个类有自然顺序的时候。假定对象集合是同一类型，该接口允许用户把集合排序成自然顺序。

- int compareTo(Object o)：比较当前实例对象与对象o。如果位于对象o之前，就返回负值；如果两个对象在排序中的位置相同，则返回0；如果位于对象o后面，则返回正值。

在Java 2 SDK版本1.4中有24个类实现Comparable接口。表10-1展示了10种基本类型的自然排序。虽然一些类共享同一种自然排序，但是只有相互可比的类才能排序。

表 10-1　10 种基本类型的自然排序

类	排　序
BigDecimal、BigInteger、Byte、Double、Float、Integer、Long、Short	按数字大小排序
Character	按 Unicode 值的数字大小排序
String	按字符串中字符的 Unicode 值排序

利用Comparable接口创建用户自己的类的排序顺序，只是实现compareTo()方法的问题。通常就是依赖几个数据成员的自然排序。同时类也应该覆盖equals()和hashCode()，以确保两个相等的对象返回同一个哈希码。

2. Comparator接口

若一个类不能用于实现java.lang.Comparable，或者用户不喜欢默认的Comparable行为并想提供自己的排序顺序（可能有多种排序方式），则可以实现Comparator接口，从而定义一个比较器。

- int compare(Object o1, Object o2)：对两个对象o1和o2进行比较。如果o1位于o2的前面，则返回负值；如果在排序顺序中认为o1和o2是相同的，就返回0；如果o1位于o2的后面，则返回正值。与Comparable相似，返回值为0不表示元素相等。返回值为0只是表示两个对象排在同一位置，由Comparator用户决定如何处理。如果两个不相等的元素比较的结果为0，首先应该确信那就是你要的结果，然后记录行为。
- boolean equals(Object obj)：指示对象obj是否和比较器相等。该方法覆写Object的equals()方法，检查的是Comparator实现的等同性，不是处于比较状态下的对象。

下面举例说明该接口的使用。这里以商品集合的价格排序为例，首先定义一个商品类Product.java。

【文件 10.2】　Product.java

```java
package chap16;
/**
 * 商品类
 * @author chidianwei
 * 2019 年 5 月 25 日
 */
public class Product {
    private String name;
    private int amount;
    private double price;
    //重写 equals 方法来界定自己判断相等的方法
    @Override
    public boolean equals(Object obj) {
        //TODO Auto-generated method stub
        Product p=(Product)obj;
        if(this.name.equals(p.getName()))
            return true;
        else return false;
    }
    @Override
    public int hashCode() {
        //TODO Auto-generated method stub
```

```java
        return this.name.hashCode();
    }
    public Product(String name, int amount, double price) {
        this.name = name;
        this.amount = amount;
        this.price = price;
    }
    public String getName() {
        return name;
    }
    public void setName(String name) {
        this.name = name;
    }
    public int getAmount() {
        return amount;
    }
    public void setAmount(int amount) {
        this.amount = amount;
    }
    public double getPrice() {
        return price;
    }
    public void setPrice(double price) {
        this.price = price;
    }
}
```

接下来定义测试类，初始化商品集合，然后调用 Collections 的 sort 方法对集合进行排序。这里 sort 方法的第二个参数为 Comparator 类型，我们需要给出一个该接口的具体实现类，里面比较方法界定排序规则，即按照价格排序。具体代码如下。

【文件 10.3】　ComparatorDemo.java

```java
public class ComparatorDemo {
    public static void main(String[] args) {
        //TODO Auto-generated method stub
        List ps=new ArrayList();
        ps.add(new Product("apple", 100, 2.5));
        ps.add(new Product("pear", 200, 2));
        ps.add(new Product("banana", 1000, 5.5));
        //对商品进行排序
        //Collections.sort(ps);
        Collections.sort(ps,new Comparator() {
            @Override
            public int compare(Object o1, Object o2) {
                //TODO Auto-generated method stub
                Product p1=(Product)o1;
                Product p2=(Product)o2;
                return new Double(p1.getPrice()).compareTo(new Double(p2.getPrice()));
            }
        });//两个参数，第一个为待排序的集合，第二个为参数裁判
        for(Object obj :ps){
            Product p=(Product)obj;
```

```
            System.out.println(p.getName()+"---"+p.getAmount()+"----"
+p.getPrice());
        }
    }
}
```

10.3.3　SortedSet接口

集合框架提供了一个特殊的Set接口SortedSet，它保持元素的有序顺序。SortedSet接口为集合的视图（子集）和它的两端（头和尾）提供了访问方法。当你处理列表的子集时，更改视图会反映到源集。此外，更改源集也会反映在子集上。发生这种情况的原因在于视图由两端的元素而不是下标元素指定，所以如果你想要一个特殊的高端元素（toElement）在子集中，就必须找到下一个元素。

添加到SortedSet实现类的元素必须实现Comparable接口，否则用户必须给它的构造函数提供一个Comparator接口的实现。TreeSet类是它的唯一一份实现。

集合必须包含唯一的项，如果添加元素时比较两个元素导致返回值为0（通过Comparable的 compareTo()方法或 Comparator 的 compare()方法），那么新元素就没有添加进去。如果两个元素不相等，接下来就应该修改比较方法，让比较方法和equals()的效果一致。

- Comparator comparator()：返回对元素进行排序时使用的比较器，如果使用Comparable接口的compareTo()方法对元素进行比较，则返回null。
- Object first()：返回有序集合中第一个（最低）元素。
- Object last()：返回有序集合中最后一个（最高）元素。
- SortedSet subSet(Object fromElement, Object toElement)：返回从fromElement（包括）至toElement（不包括）范围内元素的SortedSet视图（子集）。
- SortedSet headSet(Object toElement)：返回SortedSet的一个视图，其内各元素皆小于toElement。
- SortedSet tailSet(Object fromElement)：返回SortedSet的一个视图，其内各元素皆大于或等于fromElement。

10.3.4　HashSet类和TreeSet类

集合框架支持Set接口两种普通的实现：HashSet和TreeSet（TreeSet实现SortedSet接口）。在更多情况下，用户会使用HashSet存储重复自由的集合。考虑到效率，添加到HashSet的对象需要采用恰当分配哈希码的方式来实现hashCode()方法。虽然大多数系统类覆盖了Object中默认的hashCode()和equals()实现，但是创建用户自己要添加到HashSet的类时，一定要覆盖hashCode()和equals()。

当用户要从集合中以有序的方式插入和抽取元素时，TreeSet实现会有用处。为了能顺利进行，添加到TreeSet的元素必须是可排序的。

1. HashSet类

不能保存重复的元素，不排序。

HashSet 类的构造函数如下：

- HashSet()：构建一个空的哈希集。
- HashSet(Collection c)：构建一个哈希集，并且添加集合c中的所有元素。
- HashSet(int initialCapacity)：构建一个拥有特定容量的空哈希集。
- HashSet(int initialCapacity, float loadFactor)：构建一个拥有特定容量和加载因子的空哈希集。LoadFactor是0.0~1.0的一个数。

以下是 HashSet 的代码举例。HashSet 本身是 Collection 接口的一个子类，自然也有相关的操作方法。

【文件 10.4】　　SetDemo1.java

```java
public class SetDemo1 {
    public static void main(String[] args) {
        //创建一个集合
        Set<String> set=new HashSet<String>();
        set.add("zhangsan");
        set.add("zhangsan");
        set.add("zhangsan");
        set.add("lisi");
        set.add("wangwu");
        System.out.println(set);
        System.out.println(set.size());
        set.remove("lisi");
        System.out.println(set);
        //遍历方式
        for(String s:set){
            System.out.println(s);
        }
    }
}
```

以上代码对 Set 集合添加常用数据类型 String，并调用了集合的删除、添加等操作，这与 List 集合没有区别。当然，Set 集合也可以存储自定义类型，具体代码如下。

【文件 10.5】　　SetDemo2.java

```java
public class SetDemo2 {
    public static void main(String[] args) {
        //创建一个集合
        Set<Product> set=new HashSet<Product>();
        set.add(new Product("apple", 100, 1.5));
        set.add(new Product("apple", 100, 1.5));
        set.add(new Product("apple", 100, 1.5));
        set.add(new Product("apple", 100, 1.5));
        int count = set.size();
        System.out.println(count);
    }
}
```

2. TreeSet类

不能保存重复的元素，默认按升序排序，或按指定的 Comparator 排序。

- TreeSet()：构建一个空的树集。
- TreeSet(Collection c)：构建一个树集，并且添加集合c中的所有元素。
- TreeSet(Comparator c)：构建一个树集，并且使用特定的比较器对其元素进行排序。Comparator比较器没有任何数据，它只是比较方法的存放器。这种对象有时称为函数对象。函数对象通常在"运行过程中"被定义为匿名内部类的一个实例。
- TreeSet(SortedSet s)：构建一个树集，添加有序集合s中的所有元素，并且使用与有序集合s相同的比较器排序。

3. LinkedHashSet类

LinkedHashSet 扩展 HashSet。如果想跟踪添加给 HashSet 的元素的顺序，LinkedHashSet 实现会有帮助。LinkedHashSet 的迭代器按照元素的插入顺序来访问各个元素。它提供了一个可以快速访问各个元素的有序集合。同时，它也增加了实现的代价，因为哈希表元中的各个元素是通过双重链接式列表链接在一起的。

- LinkedHashSet()：构建一个空的链接式哈希集。
- LinkedHashSet(Collection c)：构建一个链接式哈希集，并且添加集合c中所有的元素。
- LinkedHashSet(int initialCapacity)：构建一个拥有特定容量的空链接式哈希集。
- LinkedHashSet(int initialCapacity, float loadFactor)：构建一个拥有特定容量和加载因子的空链接式哈希集。LoadFactor是0.0~1.0的一个数值。

为优化 HashSet 空间的使用，用户可以调优初始容量和负载因子。TreeSet 不包含调优选项，因为树总是平衡的。

10.4　Map接口

Map接口不是Collection接口的继承。Map接口用于维护键-值对（key-value pairs）。该接口描述了从不重复的键到值的映射。

1. 添加、删除操作

- Object put(Object key, Object value)：将互相关联的一个关键字与一个值放入该映像。如果该关键字已经存在，那么与此关键字相关的新值将取代旧值。方法返回关键字的旧值，如果关键字原先并不存在，则返回null。
- Object remove(Object key)：从映像中删除与key相关的映射。
- void putAll(Map t)：将来自特定映像的所有元素添加给该映像。
- void clear()：从映像中删除所有键值对。

键和值都可以为null。但是，用户不能把Map作为一个键或值添加给自身。

2. 查询操作

- Object get(Object key)：获得与关键字key相关的值，并且返回与关键字相关的对象，如果没有在该映像中找到该关键字，则返回null。

- boolean containsKey(Object key)：判断映像中是否存在关键字。
- boolean containsValue(Object value)：判断映像中是否存在值。
- int size()：返回当前映像中映射的数量。
- boolean isEmpty()：判断映像中是否有任何映射。

3．视图操作

处理映像中的键-值对组。

- Set keySet()：返回映像中所有关键字的视图集。因为映射中键的集合必须是唯一的，用Set支持。还可以从视图中删除元素，同时关键字和它相关的值将从源映像中被删除，但是用户不能添加元素。
- Collection values()：返回映像中所有值的视图集。因为映射中值的集合不是唯一的，所以用Collection支持。还可以从视图中删除元素，同时值和它的关键字将从源映像中被删除，但是不能添加元素。

```java
Map map = new HashMap();
for (Iterator iter = map.keySet().iterator(); iter.hasNext();) {
    Object key = iter.next();
    Object val = map.get(key);
}
```

- Set entrySet()：返回Map.Entry对象的视图集，即映像中的关键字-值对。因为映射是唯一的，所以用Set支持。还可以从视图中删除元素，同时这些元素将从源映像中被删除，但是不能添加元素。

【文件 10.6】 MapDemo1.java

```java
Map map = new HashMap();
for (Iterator iter = map.entrySet().iterator(); iter.hasNext();) {
    Map.Entry entry = (Map.Entry) iter.next();
    Object key = entry.getKey();
    Object val = entry.getValue();
}
```

10.4.1 HashMap类和TreeMap类

集合框架提供两种常规的Map实现：HashMap和TreeMap（TreeMap实现SortedMap接口）。在Map中插入、删除和定位元素，HashMap是最好的选择。如果要按自然顺序或自定义顺序遍历键，那么使用TreeMap会更好。使用HashMap要求添加的键类明确定义了hashCode()和equals()的实现。

这个TreeMap没有调优选项，因为该树总处于平衡状态。

1．HashMap类

为了优化HashMap空间的使用，用户可以调优初始容量和负载因子。

- HashMap()：构建一个空的哈希映像。

- HashMap(Map m)：构建一个哈希映像，并且添加映像m的所有映射。
- HashMap(int initialCapacity)：构建一个拥有特定容量的空的哈希映像。
- HashMap(int initialCapacity, float loadFactor)：构建一个拥有特定容量和加载因子的空的哈希映像。

这里使用 HashMap 的第一个构造方法创建集合，创建一张电视剧演员表，每一个键-值对分别对应演员和扮演的角色名字，最后根据添加的演员表遍历显示所有记录。

【文件 10.7】 MapDemo2.java

```java
public class MapDemo2 {
    public static void main(String[] args) {
        //创建一个集合存储演员表
        Map<String,String> map=new HashMap();
        //存储元素
        map.put("令狐冲", "李亚鹏");
        map.put("任盈盈", "许晴");
        //显示集合尺寸
        System.out.println(map.size());//4
        //循环遍历 1
        //获取 key 组成的集合
        Set<String> keys = map.keySet();
        System.out.println("--------------笑傲江湖演员表-----------------");
        for(String key:keys){
            System.out.println(key+"-------------------------"+map.get(key));
        }
        //循环遍历 2
        for(Map.Entry<String, String> kv:map.entrySet()){
            System.out.println(kv.getKey()+"-------------------"+kv.getValue());
        }
    }
}
```

2. TreeMap类

TreeMap没有调优选项，因为该树总处于平衡状态。

- TreeMap()：构建一个空的映像树。
- TreeMap(Map m)：构建一个映像树，并且添加映像 m 中的所有元素。
- TreeMap(Comparator c)：构建一个映像树，并且使用特定的比较器对关键字进行排序。
- TreeMap(SortedMap s)：构建一个映像树，添加映像树 s 中的所有映射，并且使用与有序映像 s 相同的比较器排序。

TreeMap 类不仅实现了 Map 接口，还实现了 java.util.SortMap 接口，因此集合中的映射关系具有一定的顺序。但是在添加、删除和定位映射关系上，TreeMap 类比 HashMap 类的性能差一些。TreeMap 类实现的 Map 集合中的映射关系是根据键值对象按一定的顺序排列的。因此，不允许键对象是 null。

10.4.2 LinkedHashMap类

LinkedHashMap 扩展 HashMap，以插入顺序将关键字-值对添加进链接哈希映像中。像 LinkedHashSet 一样，LinkedHashMap 内部也采用双重链接式列表。

- LinkedHashMap()：构建一个空链接哈希映像。
- LinkedHashMap(Map m)：构建一个链接哈希映像，并且添加映像 m 中的所有映射。
- LinkedHashMap(int initialCapacity)：构建一个拥有特定容量的空的链接哈希映像。
- LinkedHashMap(int initialCapacity, float loadFactor)：构建一个拥有特定容量和加载因子的空的链接哈希映像。
- LinkedHashMap(int initialCapacity, float loadFactor, boolean accessOrder)：构建一个拥有特定容量、加载因子和访问顺序排序的空的链接哈希映像。该映像本身的特性对于实现高速缓存的"删除最近最少使用"的原则很有用。例如，你可以希望将最常访问的映射保存在内存中，并且从数据库中读取不经常访问的对象。当你在表中找不到某个映射，并且该表中的映射已经放得非常满时，你可以让迭代器进入该表，将它枚举的开头几个映射删除掉。这些是最近最少使用的映射。
- protected boolean removeEldestEntry(Map.Entry eldest)：如果你想删除最旧的映射，则覆盖该方法，以便返回 true。当某个映射已经添加给映像之后，便调用该方法。它的默认实现方法返回 false，表示默认条件下旧的映射没有被删除。但是你可以重新定义本方法，以便有选择地在最旧的映射符合某个条件或者映像超过了某个大小时返回 true。

10.5 本章总结

集合类分为 List、Set、Map，List 可以保存重复的元素，并按添加的顺序展示元素。经常被使用到的实现类为 ArrayList。Set 不能保存重复的元素，且不排序，它的两个子类是 HashSet 和 TreeSet。Map 保存 key-value 形式的数据，其中 key 值不能重复，但是 value 可以重复。集合类的主要功能就是进行数据封装。学会灵活使用集合框架就可以在程序中灵活地进行数据传递。

10.6 课后练习

1. 简述 List、Set、Map 三者的特点及主要实现类。
2. 说明 ArrayList 与 Vector 的区别。
3. 说明 LinkedList 与 ArrayList 的区别。
4. 说明 HashMap 与 HashSet 的区别。

第 11 章
Java多线程

Java语言的一个重要特点是内在支持多线程程序设计。多线程是指在单个程序内可以同时运行多个不同的线程完成不同的任务。多线程的程序设计具有广泛的应用。本章主要讲授线程的概念、如何创建多线程的程序、线程的生存周期与状态的改变,并了解线程的同步与互斥等内容。

11.1 线程与线程类

11.1.1 线程的概念

线程的概念来源于计算机操作系统的进程的概念。进程是一个程序对某个数据集的一次执行过程。也就是说,进程是运行中的程序,是程序的一次运行活动。

进程是指一个完整的应用程序,一个进程中可以拥有多个线程,多个线程共享同一个进程创建的内存空间,但每一个线程又独立执行。默认情况下,一个进程至少应该有一个线程,否则这个进程将会退出。

作为单个顺序控制流,线程必须在运行的程序中得到自己运行的资源,如必须有自己的执行栈和程序计数器。线程内运行的代码只能在该上下文内。线程是进程中一个单个的顺序控制流。单线程的概念很简单,如图11-1所示。

多线程(Multi-Thread)是指在单个程序内可以同时运行多个不同的线程完成不同的任务,比如一个程序中同时有两个线程运行,如图11-2所示。

有些程序中需要多个控制流并行执行。例如:

```
for(int i = 0; i < 100; i++)
    System.out.println("Runner A = " + i);
for(int j = 0; j < 100; j++ )
    System.out.println("Runner B = "+j);
```

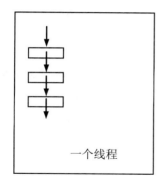

图11-1

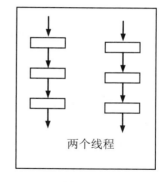

图11-2

执行的结果如下：

```
Runner A=0
...
Runner A=99
Runner B=0
...
Runner B=99
```

在上面的代码段中，在只支持单线程的语言中，前一个循环不执行完不可能执行第二个循环。要使两个循环同时执行，需要编写多线程的程序。比较多线程情况下的执行结果，代码如下。

【文件 11.1】 Thread01.java

```
new Thread(){
   public void run(){
      for(int i = 0; i < 100; i++)
         System.out.println("Runner A = " + i);
   }
}.start();
new Thread(){
   public void run(){
      for(int j = 0; j < 100; j++ )
         System.out.println("Runner B = "+j);
   }
}.start();
```

输出的结果有可能是：

```
Runner A=0
Runner B=0
...
Runner B=99
Runner A=99
```

可见，每一个循环独立地同时运行，所以可能每一次输出都有所不同。这要看某个线程是否抢占了 CPU 资源从而获取了执行权。

11.1.2 Thread类和Runnable接口

多线程是一个程序中可以有多段代码同时运行，那么这些代码写在哪里、如何创建线程对象呢？

首先，我们来看Java语言实现多线程编程的类和接口。在java.lang包中定义了Runnable接口和Thread类。

Runnable接口中只定义了一个方法，它的格式如下：

```
public abstract void run()
```

这个方法要由实现了Runnable接口的类实现。Runnable对象称为可运行对象，一个线程的运行就是执行该对象的run()方法。

Thread 类实现了 Runnable 接口，因此 Thread 对象也是可运行对象。同时 Thread 类也是线程类，该类的构造方法如下：

- public Thread()
- public Thread(Runnable target)
- public Thread(String name)
- public Thread(Runnable target, String name)
- public Thread(ThreadGroup group, Runnable target)
- public Thread(ThreadGroup group, String name)
- public Thread(ThreadGroup group, Runnable target, String name)

target 为线程运行的目标对象，即线程调用 start()方法启动后运行那个对象的 run()方法，该对象的类型为 Runnable，若没有指定目标对象，则以当前类对象为目标对象。Thread 构造方法中，name 为线程名，group 指定线程属于哪个线程组。

Thread 类的常用方法如下：

- public static Thread currentThread()：返回当前正在执行的线程对象的引用。
- public void setName(String name)：设置线程名。
- public String getName()：返回线程名。
- public static void sleep(long millis)：使当前线程暂停执行指定的毫秒数，指定时间过后，线程继续执行，抛出InterruptedException异常。
- public static void sleep(long millis, int nanos)：抛出InterruptedException异常，使当前正在执行的线程暂时停止执行指定的毫秒时间。指定时间过后，线程继续执行。该方法抛出InterruptedException异常，必须捕获。
- public void run()：线程的线程体。
- public void start()：由JVM调用线程的run()方法，启动线程开始执行。
- public void setDaemon(boolean on)：设置线程为Daemon线程。
- public boolean isDaemon()：返回线程是否为Daemon线程。
- public static void yield()：使当前执行的线程暂停执行，允许其他线程执行。

- public ThreadGroup getThreadGroup()：返回该线程所属的线程组对象。
- public void interrupt()：中断当前线程。
- public boolean isAlive()：返回指定线程是否处于活动状态。

11.2 线程的创建

创建和运行线程有两种方法。线程运行的代码就是实现了 Runnable 接口的类的 run()方法或者 Thread 类的子类的 run()方法，因此构造线程体有两种方法：

- 继承Thread类并覆盖它的run()方法。
- 实现Runnable接口并实现它的run()方法。

11.2.1 继承Thread类并创建线程

通过继承 Thread 类，并覆盖 run()方法，就可以用该类的实例作为线程的目标对象。下面的程序定义 SimpleThread 类，它继承了 Thread 类并覆盖了 run()方法。

【文件 11.2】 SimpleThread.java

```java
public class SimpleThread extends Thread{
    public void run(){
        for(int i=0; i<100; i++){
            System.out.println(getName()+" = "+ i);
            try{
                sleep((int)(Math.random()*100));
            }catch(InterruptedException e){}
        }
        System.out.println(getName()+ " DONE");
    }
}
```

SimpleThread 类继承了 Thread 类，并覆盖了 run()方法，该方法就是线程体。

【文件 11.3】 ThreadTest.java

```java
public class ThreadTest{
    public static void main(String args[]){
        Thread t1 = new SimpleThread();
        Thread t2 = new SimpleThread();
        t1.start();
        t2.start();
    }
}
```

在 ThreadTest 类的 main()方法中创建了两个 SimpleThread 类的线程对象，并调用线程类的 start()方法启动线程。构造线程时没有指定目标对象，所以线程启动后执行本类的 run()方法。

注意，实际上ThreadTest程序中有3个线程同时运行。请试着将以下代码加到main()方法中分析一下程序运行结果。

【文件 11.4】　　Thread02.java

```java
for(int i=0; i<100; i++){
    System.out.println(Thread.currentThread().getName()+"="+ i);
    try{
        Thread.sleep((int)(Math.random()*500));
    }catch(InterruptedException e){}
    System.out.println(Thread.currentThread().getName()+ " DONE");
}
```

从上述代码的执行结果可以看到，在应用程序的main()方法启动时，JVM就创建了一个主线程，在主线程中可以创建其他线程。

再看下面的程序。

【文件 11.5】　　MainThreadDemo.java

```java
public class MainThreadDemo{
    public static void main(String args[]){
        Thread t = Thread.currentThread();
        t.setName("MyThread");
        System.out.println(t);
        System.out.println(t.getName());
        System.out.println(t.getThreadGroup().getName());
    }
}
```

该程序的输出结果如下：

```
Thread[MyThread, 5, main]
MyThread
main
```

上述程序在main()方法中声明了一个Thread对象t，然后调用Thread类的静态方法currentThread()获得当前线程对象。接着重新设置该线程对象的名称，最后输出线程对象、线程组对象名和线程对象名。

11.2.2　实现Runnable接口并创建线程

可以定义一个类实现Runnable接口，然后将该类对象作为线程的目标对象。实现Runnable接口就是实现run()方法。

下面的程序通过实现Runnable接口构造线程体。

【文件 11.6】　　ThreadTest2.java

```java
class T1 implements Runnable{
    public void run(){
        for(int i=0;i<15;i++)
            System.out.println("Runner A="+i);
    }
}
```

```
class T2 implements Runnable{
    public void run(){
        for(int j=0;j<15;j++)
            System.out.println("Runner B="+j);
    }
}
public class ThreadTest2{
    public static void main(String args[]){
        Thread t1=new Thread(new T1(),"Thread A");
        Thread t2=new Thread(new T2(),"Thread B");
        t1.start();
        t2.start();
    }
}
```

下面是一个小应用程序,利用线程对象在其中显示当前时间。

【文件 11.7】　　ClockDemo.java

```
public class ClockDemo {
    public static void main(String[] args) {
        new Thread() {
            public void run() {
                SimpleDateFormat sdf = new SimpleDateFormat("yyyy-MM-dd HH:mm:ss");
                while (true) {
                    String str = sdf.format(new Date());
                    System.err.println(str);
                    try {
                        Thread.sleep(1000);
                    } catch (InterruptedException e) {
                        e.printStackTrace();
                    }
                }
            };
        }.start();
    }
}
```

该小应用程序的运行结果如下:

```
2017-01-08 10:57:03
2017-01-08 10:57:04
2017-01-08 10:57:05
2017-01-08 10:57:06
...
```

11.3　实训10:开启服务器主线程

1. 需求说明

服务器端需开启主线程等待客户端请求。

2. 训练要点

线程类的使用，可以实现线程类的创建和线程的执行。

3. 实现思路

（1）编写服务器端主线程类com.oraclewdp.server.window.Server.java，实现Runnable接口，重写run()方法。

（2）创建服务器服务窗体，给窗体按钮注册事件，编写事件处理类实现服务器端主线程的启动和关闭（Swing组件部分已给出代码实现）。

4. 解决方案及关键代码

（1）编写服务器端主线程类com.oraclewdp.server.window.Server.java，实现Runnable接口，重写run()方法。

```java
public class Server implements Runnable {
    private JTextArea infoText;
    private boolean runnable = true;

    /**
     *Server 构造
     *
     *@param infoText
     *ServerWindow 中定义的文件域，用于存放服务器端的一些日志信息
     */
    public Server(JTextArea infoText) {
        this.infoText = infoText;
    }
    public void run() {
        //测试代码
        System.out.println("服务器主线程已开启");
        this.infoText.append("正在等待来自客户端的连接\n");
    }
    public void shutDown() {
        this.runnable = false;
        System.exit(0);
    }
}
```

（2）开发服务器启动窗体界面。

依照项目需求，开发服务器启动窗体界面的代码如下：

```java
public class ServerWindow extends JFrame {
    private static final long serialVersionUID = 1L;
    //定义文件域，用于存放服务器端的一些日志信息
    private JTextArea infoText;
    //启动按钮
    private JButton runButton;
    //关闭按钮
    private JButton stopButton;

    public void launchServer() {
        this.setSize(400, 600);
```

```java
            this.infoText = new JTextArea();
            this.infoText.setEditable(false);
            this.infoText.append("单击启动按钮启动服务器,如需关闭,则单击关闭按钮...\n");
            JScrollPane scroll = new JScrollPane(this.infoText);
            this.add(scroll, BorderLayout.CENTER);
            JPanel bottonPanel = new JPanel();
            //创建按钮的监听器对象
            ButtonMonitor bm = new ButtonMonitor();
            this.runButton = new JButton("启动");
            this.runButton.setActionCommand("1");
            //为启动按钮注册监听
            this.runButton.addActionListener(bm);
            this.stopButton = new JButton("关闭");
            this.stopButton.setActionCommand("2");
            //为关闭按钮注册监听
            this.stopButton.addActionListener(bm);
            bottonPanel.add(this.runButton);
            bottonPanel.add(this.stopButton);
            this.add(bottonPanel, BorderLayout.SOUTH);
            this.setDefaultCloseOperation(EXIT_ON_CLOSE);
            this.setLocationRelativeTo(null);
            this.setVisible(true);
        }
    }
```

（3）编写事件处理类实现服务器端主线程的启动和关闭。

填写com.oraclewdp.server.window.ServerWindow.java类中的ButtonMonitor类的actionPerformed()方法。实现创建服务器端主线程对象,并启动服务器主线程。代码如下：

```java
private class ButtonMonitor implements ActionListener {
    Server server = new Server(infoText);
    @Override
    public void actionPerformed(ActionEvent e) {
        String actionCommand = e.getActionCommand();
        if (actionCommand.equals("1")) {
            Thread thread = new Thread(server, "服务器主线程");
            infoText.append("启动服务器主线程\n");
            thread.start();
        }else if(actionCommand.equals("2")){
            server.shutDown();
        }
    }
}
```

11.4 线程的状态与调度

线程从创建、运行到结束总是处于5种状态之一：新建状态（New Thread）、就绪状态（Runnable）、运行状态（Running）、阻塞状态（Blocked）及死亡状态（Dead）。线程的状态如图11-3所示。

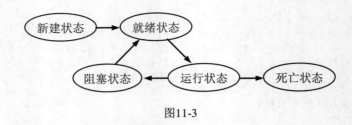

图11-3

下面以前面的Java小程序为例说明线程的状态。

1．新建状态

新建状态就是指使用new关键字创建线程还没有调用start()时的状态。例如，定义"new Thread();"，此时这个线程就是新建状态。

2．就绪状态

一个新创建的线程并不自动开始运行，要执行线程，就必须调用线程的start()方法。线程对象调用了start()方法即启动了线程，比如"someThread.start();"语句就是启动了someThread线程。start()方法创建线程运行的系统资源，并调度线程运行run()方法。当start()方法返回后，线程就处于就绪状态。

处于就绪状态的线程并不一定立即运行run()方法，线程还必须同其他线程竞争CPU时间，只有获得CPU时间才可以运行。因为在单CPU的计算机系统中，不可能同时运行多个线程，一个时刻仅有一个线程处于运行状态。因此，此时可能有多个线程处于就绪状态。多个处于就绪状态的线程是由Java运行时系统的线程调度程序（Thread Scheduler）来调度的。

3．运行状态

当线程获得CPU时间后，它才进入运行状态，真正开始执行run()方法。就像上面的代码一样，如果已经进入了run方法并执行while(true)循环，就进入了运行状态。

4．阻塞状态

线程运行过程中，可能由于各种原因进入阻塞状态。所谓阻塞状态，是指正在运行的线程没有运行结束，暂时让出CPU，这时其他处于就绪状态的线程就可以获得CPU时间，进入运行状态。例如，执行了sleep或等待用户IO都会让当前线程进入阻塞状态。

5．死亡状态

run()方法返回，线程运行就结束了，此时线程处于死亡状态。如果要终止一个线程，建议不调用线程的stop()方法，而应该控制run()方法正常退出。

11.5　线程状态的改变

一个线程在其生命周期中可以从一种状态改变到另一种状态，线程状态的变迁如图11-4所示。

第 11 章 Java多线程 | 191

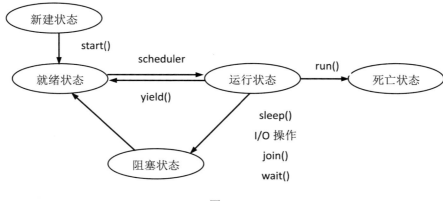

图11-4

11.5.1 控制线程的启动和结束

一个新建的线程调用它的start()方法后即进入就绪状态,处于就绪状态的线程被线程调度程序选中,就可以获得CPU时间,进入运行状态,该线程就开始运行run()方法。

控制线程的结束稍微复杂一点。如果线程的run()方法是一个确定次数的循环,则循环结束后,线程运行就结束了,线程对象即进入死亡状态。如果run()方法是一个不确定循环,早期的方法是调用线程对象的stop()方法,然而由于该方法可能导致线程死锁,因此从1.1版开始不推荐使用该方法结束线程。一般是通过设置一个标志变量,在程序中改变标志变量的值实现结束线程。请看下面的例子。

【文件 11.8】　ThreadStop.java

```java
import java.util.*;
class Timer implements Runnable{
    boolean flag=true;
    public void run(){
        while(flag){
            System.out.print("\r\t"+new Date()+"...");
            try{
                Thread.sleep(1000);
            }catch(InterruptedException e){}
        }
        System.out.println("\n"+Thread.currentThread().getName()+" Stop");

    }
    public void stopRun(){
        flag = false;
    }
}

public class ThreadStop{
    public static void main(String args[]){
        Timer timer = new Timer();
        Thread thread = new Thread(timer);
        thread.setName("Timer");
        thread.start();
        for(int i=0;i<100;i++){
```

```
            System.out.print("\r"+i);
            try{
                Thread.sleep(100);
            }catch(InterruptedException e){}
        }
        timer.stopRun();
    }
}
```

该程序在 Timer 类中定义了一个布尔变量 flag，同时定义了一个 stopRun()方法，在其中将该变量设置为 false。在主程序中通过调用该方法来改变该变量的值，使得 run()方法的 while 循环条件得不到满足，从而实现结束线程的运行。

注意：在Thread类中除了stop()方法被标注为不推荐（deprecated）使用外，suspend()方法和resume()方法也被标明不推荐使用，这两个方法原来用作线程的挂起和恢复。

11.5.2 线程就绪和阻塞条件

处于运行状态的线程除了可以进入死亡状态外，还可能进入就绪状态和阻塞状态。下面分别讨论这两种情况。

1．运行状态到就绪状态

处于运行状态的线程如果调用了yield()方法，那么它将放弃CPU时间，使当前正在运行的线程进入就绪状态。这时有几种可能的情况：如果没有其他的线程处于就绪状态等待运行，该线程就会立即继续运行；如果有等待的线程，此时线程回到就绪状态与其他线程竞争CPU时间，当有比该线程优先级高的线程时，高优先级的线程进入运行状态，当没有比该线程优先级高的线程但有同优先级的线程时，则由线程调度程序来决定哪个线程进入运行状态，因此线程调用yield()方法只能将CPU时间让给具有同优先级的或更高优先级的线程，而不会让给更低优先级的线程。

一般来说，在调用线程的yield()方法时，可以使耗时的线程暂停执行一段时间，使其他线程有执行的机会。

2．运行状态到阻塞状态

有多种原因可使当前运行的线程进入阻塞状态。进入阻塞状态的线程在相应的事件结束或条件满足时就进入就绪状态。使线程进入阻塞状态可能有多种原因：

（1）线程调用了sleep()方法，线程进入睡眠状态，此时该线程停止执行一段时间。当时间到时，该线程回到就绪状态，与其他线程竞争CPU时间。

Thread类中定义了一个interrupt()方法。一个处于睡眠中的线程若调用了interrupt()方法，则该线程立即结束睡眠进入就绪状态。

（2）如果一个线程的运行需要进行I/O操作，比如从键盘接收数据，这时程序可能需要等待用户的输入，这时如果该线程一直占用CPU，其他线程就得不到运行。这种情况称为I/O阻塞。这时该线程就会离开运行状态而进入阻塞状态。Java语言的所有I/O方法都具有这种行为。

（3）有时要求当前线程的执行在另一个线程执行结束后再继续执行，这时可以调用 join() 方法实现，join()方法有下面 3 种格式：

- public void join()：throws Interrupted Exception，使当前线程暂停执行，等待调用该方法的线程结束后再执行当前线程。
- public void join(long millis)：throws Interrupted Exception，最多等待millis毫秒后，当前线程继续执行。
- public void join(long millis, int nanos)：throws Interrupted Exception，可以指定多少毫秒、多少纳秒后继续执行当前线程。

上述方法使当前线程暂停执行，进入阻塞状态，当调用线程结束或指定的时间过后，当前线程进入就绪状态，例如执行下面的代码：

```
t.join();
```

将使当前线程进入阻塞状态，当线程 t 执行结束后，当前线程才能继续执行。

（4）线程调用了wait()方法，等待某个条件变量，此时该线程进入阻塞状态，直到被通知（调用了notify()或notifyAll()方法）结束等待后，线程才回到就绪状态。

（5）如果线程不能获得对象锁，就会进入就绪状态。

11.6 线程的同步与共享

前面程序中的线程都是独立的、异步执行的。但在很多情况下，多个线程需要共享数据资源，这就涉及线程的同步与资源共享的问题。

11.6.1 资源冲突

下面的例子说明多个线程共享资源，如果不加以控制，就可能会产生冲突。

【文件 11.9】 CounterTest.java

```
class Num{
    private int x=0;
    private int y=0;
    void increase(){
        x++;
        y++;
    }
    void testEqual(){
        System.out.println(x+","+y+":"+(x==y));
    }
}

class Counter extends Thread{
    private Num num;
    Counter(Num num){
```

```
            this.num=num;
        }
        public void run(){
            while(true){
                num.increase();
            }
        }
    }

    public class CounterTest{
        public static void main(String[] args){
            Num num = new Num();
            Thread count1 = new Counter(num);
            Thread count2 = new Counter(num);
            count1.start();
            count2.start();
            for(int i=0;i<100;i++){
                num.testEqual();
                try{
                    Thread.sleep(100);
                }catch(InterruptedException e){ }
            }
        }
    }
```

上述程序在 CounterTest 类的 main()方法中创建了两个线程类，即 Counter 的对象 count1 和 count2，这两个对象共享一个 Num 类的对象 num。两个线程对象开始运行后，都调用同一个对象 num 的 increase()方法来增加 num 对象的 x 和 y 值。在 main()方法的 for()循环中输出 num 对象的 x 和 y 值。程序输出结果中，有些 x、y 的值相等，大部分 x、y 的值不相等。

出现上述情况的原因是：两个线程对象同时操作一个 num 对象的同一段代码，通常将这段代码段称为临界区（critical sections）。在线程执行时，可能一个线程执行了 x++语句而尚未执行 y++语句，系统调度另一个线程对象执行 x++和 y++，这时在主线程中调用 testEqual()方法输出 x、y 的值不相等。

11.6.2 对象锁的实现

上述程序（文件11.9）的运行结果说明了多个线程访问同一个对象出现了冲突。为了保证运行结果正确（x、y 的值总相等），可以使用 Java 语言的 synchronized 关键字，用该关键字修饰方法。用 synchronized 关键字修饰的方法称为同步方法，Java 平台为每个具有 synchronized 代码段的对象关联一个对象锁（object lock）。这样任何线程在访问对象的同步方法时，首先必须获得对象锁，然后才能进入 synchronized 方法，这时其他线程就不能再同时访问该对象的同步方法了（包括其他的同步方法）。

通常有两种方法实现对象锁：

（1）在方法的声明中使用 synchronized 关键字，表明该方法为同步方法。

对于上面的程序，我们可以在定义 Num 类的 increase()和 testEqual()方法时，在它们的前面加上 synchronized 关键字，例如：

```java
synchronized void increase(){
    x++;
    y++;
}
synchronized void testEqual(){
    System.out.println(x+","+y+":"+(x==y)+":"+(x<y));
}
```

一个方法使用 synchronized 关键字修饰后，当一个线程调用该方法时，必须先获得对象锁，只有在获得对象锁以后才能进入 synchronized 方法。一个时刻对象锁只能被一个线程持有。如果对象锁正在被一个线程持有，其他线程就不能获得该对象锁，而必须等待持有该对象锁的线程释放锁。

如果类的方法使用了synchronized关键字修饰，则该类对象是线程安全的，否则是线程不安全的。

如果只为increase()方法添加synchronized关键字，那么结果还会出现x、y值不相等的情况。

（2）前面实现对象锁是在方法前加上 synchronized 关键字，这对于我们自己定义的类很容易实现。如果使用类库中的类或别人定义的类，在调用一个没有使用 synchronized 关键字修饰的方法时，想要获得对象锁，可以使用下面的格式：

```java
synchronized(object){
    //方法调用
}
```

假如 Num 类的 increase()方法没有使用 synchronized 关键字，那么我们在定义 Counter 类的 run()方法时，可以按如下方法使用 synchronized 为部分代码加锁。

```java
public void run(){
    while(true){
        synchronized (num){
            num.increase();
        }
    }
}
```

同时，在 main()方法中调用 testEqual()方法也用 synchronized 关键字修饰，这样得到的结果相同。

```java
synchronized(num){
    num.testEqual();
}
```

对象锁的获得和释放是由 Java 运行时系统自动完成的。

每个类也可以有类锁。类锁控制对类的 synchronized static 代码的访问。请看下面的例子：

```java
public class X{
    static int x, y;
    static synchronized void foo(){
        x++;
        y++;
    }
}
```

当 foo()方法被调用时（如使用 X.foo()），调用线程必须获得 X 类的类锁。

11.6.3 线程间的同步控制

在多线程的程序中，除了要防止资源冲突外，有时还要保证线程同步。下面通过生产者-消费者模型来说明线程的同步与资源共享的问题。

假设有一个生产者（Producer）和一个消费者（Consumer）。生产者产生0~9的整数，将它们存储在仓库（CubbyHole）的对象中并打印出来；消费者从仓库中取出这些整数并打印出来。同时要求生产者产生一个数字，消费者取得一个数字，这就涉及两个线程的同步问题。

这个问题可以通过两个线程实现生产者和消费者，它们共享CubbyHole一个对象。如果不加控制，就得不到预期的结果。

1．不同步的设计

首先我们设计用于存储数据的类，该类的定义如下。

【文件 11.10】 CubbyHole.jva

```java
class CubbyHole{
   private int content ;
   public synchronized void put(int value){
      content = value;
   }
   public synchronized int get(){
      return content ;
   }
}
```

CubbyHole 类使用一个私有成员变量 content 来存放整数，put()方法和 get()方法用来设置变量 content 的值。CubbyHole 对象为共享资源，所以用 synchronized 关键字修饰。当 put()方法或 get()方法被调用时，线程即获得了对象锁，从而可以避免资源冲突。

这样当Producer对象调用put()方法时，锁定该对象，这时Consumer对象就不能调用get()方法了。当put()方法返回时，Producer对象释放CubbyHole的锁。类似地，当Consumer对象调用CubbyHole的get()方法时，也会锁定该对象，防止Producer对象调用put()方法。

接下来我们来看Producer和Consumer的定义。

【文件 11.11】 Producer.java

```java
public class Producer extends Thread {
   private CubbyHole cubbyhole;
   private int number;
   public Producer(CubbyHole c, int number) {
      cubbyhole = c;
      this.number = number;
   }
   public void run() {
     for (int i = 0; i < 10; i++) {
        cubbyhole.put(i);
        System.out.println("Producer #" + this.number + " put: " + i);
        try {
```

```
            sleep((int)(Math.random() * 100));
        } catch (InterruptedException e) { }
    }
  }
}
```

Producer 类中定义了一个 CubbyHole 类型的成员变量 cubbyhole（用来存储产生的整数）和一个成员变量 number（用来记录线程号）。这两个变量通过构造方法传递得到。在该类的 run()方法中，通过一个循环产生 10 个整数，每次产生一个整数，调用 cubbyhole 对象的 put()方法将其存入该对象中，同时输出该数。

【文件 11.12】　Consumer.java

```
public class Consumer extends Thread {
    private CubbyHole cubbyhole;
    private int number;
    public Consumer(CubbyHole c, int number) {
        cubbyhole = c;
        this.number = number;
    }
    public void run() {
        int value = 0;
        for (int i = 0; i < 10; i++) {
            value = cubbyhole.get();
            System.out.println("Consumer #" + this.number + " got: " + value);
        }
    }
}
```

在 Consumer 类的 run()方法中也有一个循环，每次调用 cubbyhole 的 get()方法返回当前存储的整数，然后输出。

在该程序的main()方法中创建一个CubbyHole对象c、一个Producer对象p1、一个Consumer对象c1，然后启动两个线程。

【文件 11.13】　ProducerConsumerTest.java

```
public class ProducerConsumerTest {
    public static void main(String[] args) {
        CubbyHole c = new CubbyHole();
        Producer p1 = new Producer(c, 1);
        Consumer c1 = new Consumer(c, 1);
        p1.start();
        c1.start();
    }
}
```

在该程序对 CubbyHole 类的设计中，尽管使用 synchronized 关键字实现了对象锁，但是还不够，运行程序时还可能会出现下面两种情况：

（1）如果生产者的速度比消费者快，那么在消费者来不及取前一个数据之前，生产者又产生了新的数据，于是消费者很可能会跳过前一个数据，这样就会产生下面的结果：

```
Consumer: 3
Producer: 4
Producer: 5
Consumer: 5
...
```

（2）反之，如果消费者比生产者快，消费者可能两次取同一个数据，产生下面的结果：

```
Producer: 4
Consumer: 4
Consumer: 4
Producer: 5
```

2．监视器模型

为了避免上述情况发生，就必须使生产者线程向CubbyHole对象中存储的数据与消费者线程从CubbyHole对象中取得的数据同步起来。为了达到这一目的，在程序中可以采用监视器（Monitor）模型，同时通过调用对象的wait()方法和notify()方法实现同步。

下面是修改后的CubbyHole类的定义。

【文件 11.14】　　CubbyHole2.java

```java
class CubbyHole2{
    private int content ;
    private boolean available=false;

    public synchronized void put(int value){
        while(available==true){
            try{
                wait();
            }catch(InterruptedException e){}
        }
        content =value;
        available=true;
        notifyAll();
    }
    public synchronized int get(){
        while(available==false){
            try{
                wait();
            }catch(InterruptedException e){}
        }
        available=false;
        notifyAll();
        return content;
    }
}
```

这里有一个 boolean 型的私有成员变量 available，用来指示内容是否可取。当 available 为 true 时，表示数据已经产生还没被取走；当 available 为 false 时，表示数据已被取走，还没有存放新的数据。

当生产者线程进入put()方法时，首先检查available的值：若其为false，则可执行put()方法；若其为true，则说明数据还没有被取走，该线程必须等待，因此在put()方法中调用CubbyHole

对象的wait()方法等待。调用对象的wait()方法使线程进入等待状态，同时释放对象锁，直到另一个线程对象调用了notify()或notifyAll()方法，该线程才可以恢复运行。

类似地，当消费者线程进入get()方法时，也是先检查available的值：若其为true，则可执行get()方法；若其为false，则说明还没有数据，该线程必须等待，因此在get()方法中调用CubbyHole对象的wait()方法等待。调用对象的wait()方法使线程进入等待状态，同时释放对象锁。

上述过程就是监视器模型，其中CubbyHole2对象为监视器。通过监视器模型可以保证生产者线程和消费者线程同步，结果正确。

程序的运行结果如下：

```
Producer:3
Consumer:3
Producer:4
Consumer:4
```

特别注意：wait()、notify()和notifyAll()方法是Object类定义的方法，并且这些方法只能用在synchronized代码段中。它们的定义格式如下：

```
public final void wait()
public final void wait(long timeout)
public final void wait(long timeout, int nanos)
```

当前线程必须具有对象监视器的锁，当调用该方法时线程释放监视器的锁。调用这些方法使当前线程进入等待（阻塞）状态，直到另一个线程调用了该对象的notify()方法或notifyAll()方法，该线程重新进入运行状态，恢复执行。

timeout和nanos为等待时间的毫秒数和纳秒数，当时间到或其他对象调用了该对象的notify()方法或notifyAll()方法时，该线程重新进入运行状态，恢复执行。

wait()的声明抛出了InterruptedException，因此程序中必须捕获或声明抛出该异常。

```
public final void notify()
public final void notifyAll()
```

唤醒处于等待该对象锁的一个或所有的线程继续执行，通常使用notifyAll()方法。

在生产者/消费者的例子中，CubbyHole类的put()和get()方法就是临界区。当生产者修改它时，消费者不能访问CubbyHole2对象；当消费者取得值时，生产者也不能修改它。

11.7 本 章 总 结

Java语言支持多线程的程序设计。线程是进程中一个单个的顺序控制流，多线程是指单个程序内可以同时运行多个线程。

在Java程序中，创建多线程的程序有两种方法：一种是继承Thread类并覆盖其run()方法，另一种是实现Runnable接口并实现其run()方法。

线程从创建、运行到结束总是处于5个状态之一：新建状态、就绪状态、运行状态、阻塞状态及死亡状态。Java的每个线程都有一个优先级，当有多个线程处于就绪状态时，线程调度程序根据线程的优先级调度线程运行。

线程都是独立的、异步执行的，但在很多情况下多个线程需要共享数据资源，这就涉及线程的同步与资源共享的问题。

所有Java线程都属于某个线程组。线程组提供了一个将多个线程组成一个线程组对象来管理的机制，如可以通过一个方法调用来启动线程组中的所有线程。

11.8 课后练习

1. 简述Java中开发一个线程有哪几种方式，以及如何实现。
2. 下列说法中错误的一项是（　　　）。

    A. 一个线程是一个Thread类的实例
    B. 线程从传递给Runnable实例的run()方法开始执行
    C. 线程操作的数据来自Runnable实例
    D. 新建的线程调用start()方法就能立即进入运行状态

3. 下列关于Thread类提供的线程控制方法的说法中错误的一项是（　　　）。

    A. 在线程A中执行线程B的join()方法，则线程A等待，直到B执行完成
    B. 线程A通过调用interrupt()方法来中断其阻塞状态
    C. 若线程A调用方法isAlive()的返回值为false，则说明A正在执行中
    D. currentThread()方法返回当前线程的引用

4. 下面的（　　　）关键字用以对对象进行加锁，从而使得对对象的访问是排他的。

    A. sirialize   B. transient
    C. synchronized   D. static

5. 简述sleep和wait的区别。

第 12 章 Java网络编程

网络编程中有两个主要的问题：一个是如何准确地定位网络上一台或多台主机；另一个是找到主机后如何可靠、高效地进行数据传输。在TCP/IP中，IP层主要负责网络主机的定位、数据传输的路由，由IP地址可以唯一确定Internet上的一台主机；TCP层提供面向应用的可靠（TCP）的或非可靠（UDP）的数据传输机制，是网络编程的主要对象，一般不需要关心IP层是如何处理数据的。目前编程模型有两种：一种是C/S框架，即基于Client+Server的；另一种是B/S框架，即基于Browser+Server的。目前流行的是B/S框架。本章使用Socket开发的应用程序是基于C/S框架的。

12.1 两类传输协议：TCP和UDP

TCP（Transfer Control Protocol）是一种面向连接的保证可靠传输的协议。通过TCP传输得到的是一个顺序的、无差错的数据流。发送方和接收方成对的两个socket之间必须建立连接，以便在TCP的基础上进行通信，当一个socket（通常都是server socket）等待建立连接时，另一个socket可以要求进行连接，一旦这两个socket连接起来，它们就可以进行双向数据传输，都可以进行发送或接收操作。

UDP（User Datagram Protocol）是一种无连接的协议，每个数据报都是一个独立的信息，包括完整的源地址或目的地址，它在网络上以任何可能的路径传往目的地，因此能否到达目的地、到达目的地的时间以及内容的正确性都是不能被保证的。

12.1.1 两者之间的比较

1. UDP

- 每个数据报中都给出了完整的地址信息，因此无须建立发送方和接收方的连接。
- UDP传输数据时是有大小限制的，每个被传输的数据报必须限定在64KB之内。

- UDP是一个不可靠的协议，发送方所发送的数据报并不一定以相同的次序到达接收方。

2. TCP

- 面向连接的协议，在Socket之间进行数据传输之前必然要建立连接，所以在TCP中需要连接时间。
- TCP传输数据无大小限制，一旦连接建立起来，双方的Socket就可以按统一的格式传输数据。
- TCP是一个可靠的协议，它确保接收方完全正确地获取发送方所发送的全部数据。

12.1.2 应用

（1）TCP在网络通信上有极强的生命力，例如远程连接（Telnet）和文件传输（FTP）都需要不定长度的数据被可靠地传输。但是可靠的传输是要付出代价的，对数据内容正确性的检验必然占用计算机的处理时间和网络带宽，因此TCP传输的效率不如UDP高。

（2）UDP操作简单，而且仅需要较少的监护，因此通常用于局域网高可靠性的分散系统中的Client/Server应用程序。例如，视频会议系统并不要求音频/视频数据绝对正确，只要保证连贯性就可以了，这种情况下显然使用UDP更合理一些。

12.2 基于Socket的Java网络编程

12.2.1 什么是Socket

网络上的两个程序通过一个双向的通信连接实现数据的交换，这个双向链路的一端称为一个Socket。Socket通常用来实现客户方和服务方的连接。Socket是TCP/IP中的一个十分流行的编程界面，一个Socket由一个IP地址和一个端口号唯一确定。

Socket所支持的协议种类不是只有TCP/IP一种，两者之间没有的必然联系。在Java环境下，Socket编程主要指基于TCP/IP的网络编程。

12.2.2 Socket通信的过程

在Server端监听（Listen）某个端口是否有连接请求，Client端向Server端发出连接（Connect）请求，Server端向Client端发回接受（Accept）消息。一个连接就建立起来了。Server端和Client端都可以通过Send、Write等方法与对方通信。

对于一个功能齐全的Socket，其工作过程包含以下4个基本步骤：

（1）创建Socket。
（2）打开连接到Socket的输入/输出流。
（3）按照一定的协议对Socket进行读/写操作。
（4）关闭Socket。

12.2.3 创建Socket

Java 在 java.net 包中提供了两个类——Socket 和 ServerSocket，分别用来表示双向连接的客户端和服务端。这是两个封装得非常好的类，使用很方便。其构造方法如下：

```
Socket(InetAddress address, int port);
Socket(InetAddress address, int port, boolean stream);
Socket(String host, int prot);
Socket(String host, int prot, boolean stream);
Socket(SocketImpl impl);
Socket(String host, int port, InetAddress localAddr, int localPort);
Socket(InetAddress address, int port, InetAddress localAddr, int localPort);
ServerSocket(int port);
ServerSocket(int port, int backlog);
ServerSocket(int port, int backlog, InetAddress bindAddr);
```

其中，address、host 和 port 分别是双向连接中另一方的 IP 地址、主机名和端口号；stream 指明 socket 是流还是数据报；localPort 表示本地主机的端口号；localAddr 和 bindAddr 是本地机器的地址（ServerSocket 的主机地址）；impl 是 socket 的父类，既可以用来创建 serverSocket，又可以用来创建 Socket。count 表示服务端所能支持的最大连接数。

```
Socket client = new Socket("127.0.0.1", 80);
ServerSocket server = new ServerSocket(80);
```

在选择端口时一定要小心：每一个端口提供一种特定的服务，只有给出正确的端口，才能获得相应的服务。0~1023 的端口号是系统保留的，例如 HTTP 服务的端口号为 80、Telnet 服务的端口号为 21、FTP 服务的端口号为 23，所以我们在选择端口号时最好选择一个大于 1023 的数，以防止发生冲突。

在创建Socket时如果发生错误，就会产生IOException异常，在程序中必须事先对之做出处理，所以在创建Socket或ServerSocket时必须捕获或抛出异常。

12.3　实训11：服务器服务线程

1. 需求说明

创建服务器端每一个客户请求的独立服务线程，接受客户端请求，并向客户端返回消息，形成一条独立的客户端到服务器之间的网络通道。

2. 训练要点

线程类的使用，可以实现线程类的创建和线程的执行，创建服务器端的ServerSocket对象，并监听来自客户端的连接，获取客户端的基本信息。

3. 实现思路

（1）编写服务器端服务线程类com.oraclewdp.server.thread.ServetThread.java，实现Runnable接口，重写 run()方法，run()方法的代码在后面的用例中添加。

（2）重写服务器端主线程类 com.oraclewdp.server.window.Server.java 的 run()方法。要求实现为每一个客户端的请求启动一个服务器端服务线程。

4. 解决方案及关键代码

（1）编写服务器端服务线程类com.oraclewdp.server.thread.ServetThread.java，实现Runnable接口，重写 run()方法。

```java
public class ServerThread implements Runnable {
    private JTextArea infoText;
    private Socket socket;
    private boolean runnable = true; private boolean exitType = true;
    /**
    *控制连接的线程类构造
    *@param socket 来自客户端的连接
    *@param infoText ServerWindow 中定义的文本域，用于存放服务器端的一些日志信息
    */
    public ServerThread(Socket socket,JTextArea infoText){
        this.infoText = infoText;
        this.socket = socket;
    }
    @Override
    public void run() {
        //代码略
    }

    public void shutDown(){
        this.infoText.append("正在停止【"+Thread.currentThread().getName()+"】 的线程\n");
        this.runnable = false;
    }
}
```

（2）重写服务器端主线程类 com.oraclewdp.server.window.Server.java 的 run()方法。要求实现为每一个客户端的请求启动一个服务器端服务线程。

```java
public void run() {
    ServerSocket server = null;
    try {
        //创建服务器端的 ServerSocket 对象，并指定端口号
        server = new ServerSocket(8989);
        this.infoText.append("正在等待来自客户端的连接\n");
        while(runnable){
            //监听来自客户端的连接
            Socket socket = server.accept();
            //从连接中获取客户端的 IP 地址+端口号，组成一个键的值
            String remoteHost = socket.getInetAddress().getHostAddress()+":"+socket.getPort();
            this.infoText.append("获取到来自【"+remoteHost+"】 的连接\n");
```

```
                //创建服务器端线程对象
                ServerThread serverThread = new ServerThread(socket, this.infoText);
                //创建线程对象
                Thread thread = new Thread(serverThread,remoteHost);
                this.infoText.append("启动【"+remoteHost+"】 的线程\n");
                //启动线程
                thread.start();
            }
        } catch (IOException e) {
            e.printStackTrace();
        }
    }
}
```

12.4 简单的Client/Server程序

1. 客户端程序

【文件 12.1】   TalkClient.java

```
import java.io.*;
import java.net.*;
public class TalkClient {
    public static void main(String[] args) throws IOException{
        try{
            Socket socket=new Socket("127.0.0.1",4700);
            //向本机的 4700 端口发出客户请求
            BufferedReader sin=new BufferedReader(new InputStreamReader(System.in));
            //由系统标准输入设备构造 BufferedReader 对象
            PrintWriter os=new PrintWriter(socket.getOutputStream());
            //由 Socket 对象得到输出流,并构造 PrintWriter 对象
            BufferedReader is=new BufferedReader(new InputStreamReader(socket.getInputStream()));
            //由 Socket 对象得到输入流,并构造相应的 BufferedReader 对象
            String readline;
            readline=sin.readLine(); //从系统标准输入读入一个字符串
            while(!readline.equals("bye")){
                //若从标准输入读入的字符串为 "bye",则停止循环
                os.println(readline);
                //将从系统标准输入读入的字符串输出到 Server
                os.flush();
                //刷新输出流,使 Server 马上收到该字符串
                System.out.println("Client:"+readline);
                //在系统标准输出上打印读入的字符串
                System.out.println("Server:"+is.readLine());
                //从 Server 读入一个字符串,并打印到标准输出上
                readline=sin.readLine(); //从系统标准输入读入一个字符串
            } //继续循环
            os.close(); //关闭 Socket 输出流
            is.close(); //关闭 Socket 输入流
            socket.close(); //关闭 Socket
        }catch(Exception e) {
```

```
            System.out.println("can not listen to:"+e);//出错,打印出错信息
        }
    }
}
```

2. 服务器端程序

【文件 12.2】 TalkServer.java

```java
import java.io.*;
import java.net.*;
import java.applet.Applet;
public class TalkServer{
    public static void main(String[] args) throws IOException{
        try{
            ServerSocket server=null;
            try{
                server=new ServerSocket(4700);
                //创建一个ServerSocket,在端口4700监听客户请求
            }catch(Exception e) {
                System.out.println("can not listen to:"+e);
                //出错,打印出错信息
            }
            Socket socket=null;
            try{
                socket=server.accept();
                //使用accept()阻塞等待客户请求
                //若有客户请求到来,则产生一个Socket对象,并继续执行
            }catch(Exception e) {
                System.out.println("Error."+e);
                //出错,打印出错信息
            }
            String line;
            BufferedReader is=new BufferedReader(new InputStreamReader(socket.getInputStream()));
            //由Socket对象得到输入流,并构造相应的BufferedReader对象
            PrintWriter os=new PrintWriter(socket.getOutputStream());
            //由Socket对象得到输出流,并构造PrintWriter对象
            BufferedReader sin=new BufferedReader(new InputStreamReader(System.in));
            //由系统标准输入设备构造BufferedReader对象
            System.out.println("Client:"+is.readLine());
            //在标准输出上打印从客户端读入的字符串
            line=sin.readLine();
            //从标准输入读入一个字符串
            while(!line.equals("bye")){   //如果该字符串为"bye",则停止循环
                os.println(line);
                //向客户端输出该字符串
                os.flush();
                //刷新输出流,使Client马上收到该字符串
                System.out.println("Server:"+line);
                //在系统标准输出上打印读入的字符串
                System.out.println("Client:"+is.readLine());
                //从Client读入一个字符串,并打印到标准输出上
                line=sin.readLine();
                //从系统标准输入读入一个字符串
```

```
            } //继续循环
            os.close(); //关闭Socket输出流
            is.close(); //关闭Socket输入流
            socket.close(); //关闭Socket
            server.close(); //关闭ServerSocket
        }catch(Exception e) {//出错,打印出错信息
            System.out.println("Error."+e);
        }
    }
}
```

12.5 实训12：客户端处理线程

1．需求说明

创建一个客户端处理线程类，需要实现将每一个客户端请求后服务器的响应都启动一个独立的线程。

2．训练要点

线程类的使用，可以实现线程类的创建和线程的执行。
客户端读取服务器响应的对象。

3．实现思路

（1）新建一个客户端的Java项目并命名为MyQQClient，编写一个客户端处理线程类com.oraclewdp.client.thread.ClientThread.java，需要实现将每一个客户端请求后服务器的响应都启动一个独立的线程。

```java
public class ClientThread implements Runnable {
    private Socket socket;
    private boolean runnable;
    private JFrame window;
    public ClientThread(Socket socket,JFrame window){
        this.socket = socket;
        this.window = window;
    }
    @Override
    public void run() {
        try {
            while(!runnable){
                //从连接中获取输入流,用于获取来自服务器端发送过来的对象
                InputStream in = socket.getInputStream();
                //创建对象输入流
                ObjectInputStream objectIn = new ObjectInputStream(in);
                //将服务器端发送过来的Response对象读取出来
                Response response = (Response)objectIn.readObject();
                //获取服务名
                String serviceName = response.getResponseServiceName();
                //从客户端运行状态类中获取Properties对象,并取出对应键的相应值
```

```java
                    //如果此时 serviceName 的值是 Login,那么将取出
com.lovo.processing.impl.LoginProcessing
                    //并通过 Class.forName 方法获取到对应的一个类
                    if (serviceName.equals("Exit")) {
                        shutDown();
                    } else {
                        String processingName =
ClientRunStatus.PROCESSINGNAMES.getProperty(serviceName);
                        Class<?> processingClass = Class.forName(processingName);
                        //通过 processingClass 的 newInstance 方法调用这个类的无参构造方法,
并得到一个实例
                        //将这个实例转型为 ClientProcessing 类型
                        //由此可以得出 com.oraclewdp.processing.impl.LoginProcessing
必然实现了 ClientProcessing 接口的一个类,所以才可以强转
                        ClientProcessing clientProcessing =
(ClientProcessing)processingClass.newInstance();
                        clientProcessing.processing(response, socket, this.window);
                    }
                }
            } catch (IOException e) {
                e.printStackTrace();
            } catch (ClassNotFoundException e) {
                e.printStackTrace();
            } catch (InstantiationException e) {
                e.printStackTrace();
            } catch (IllegalAccessException e) {
                e.printStackTrace();
            } finally {
                System.exit(0);
            }
        }
        public void shutDown(){
            this.runnable = true;
        }
    }
```

这里的Response和Request是客户端和服务端之间通信的对象,所以需要设计这两个类,这两个对象中都包含发送用户、接收用户、请求的服务名称等。详细参考项目代码中的com.oraclewdp.bean包,因为需要在网络上传输,所以必须实现序列化接口。

(2)通过客户端运行状态类(ClientRunStatus.java)读取处理名与处理实现类映射资源文件(Processing.properties)。客户端可以请求的服务包含4个功能:注册、登录、添加好友、聊天服务。所以服务端项目应该预先定义好这几个服务功能,用来处理对应的客户端的业务请求。关于客户端运行状态类的参考代码如下:

```java
public class ClientRunStatus {
    public static final Properties SERVERADDRESS = new Properties();
    public static final Properties PROCESSINGNAMES = new Properties();
    public static final Map<String,MessageWindow> MESSAGEWINDOWS = new HashMap<String,MessageWindow>();
    private Socket socket;
    private User loginUser;
    private static ClientRunStatus crs = null;
    public Socket getSocket() {
```

```
        return socket;
    }
    public void setSocket(Socket socket) {
        this.socket = socket;
    }
    public User getLoginUser() {
        return loginUser;
    }
    public void setLoginUser(User loginUser) {
        this.loginUser = loginUser;
    }
    private ClientRunStatus(){
        
    }
    public static synchronized ClientRunStatus getInstance(){
        if(ClientRunStatus.crs==null){
            ClientRunStatus.crs = new ClientRunStatus();
        }
        return ClientRunStatus.crs;
    }
    static {
        InputStream in1 = ClientRunStatus.class
                .getResourceAsStream("ServerAddress.properties");
        InputStream in2 = ClientRunStatus.class
                .getResourceAsStream("Processing.properties");
        try {
            SERVERADDRESS.load(in1);
            PROCESSINGNAMES.load(in2);
        } catch (IOException e) {
            e.printStackTrace();
        } finally {
            try {
                if (in1 != null) {
                    in1.close();
                }
            } catch (IOException e) {
                e.printStackTrace();
            }
        }
    }
}
```

12.6　Datagram通信

在TCP/IP的传输层，除了TCP之外，还有一个UDP。相比而言，UDP的应用不如TCP广泛，比如几个标准的应用层协议HTTP、FTP、SMTP使用的都是TCP，但是UDP可以应用在需要很强的实时交互性的场合，如网络游戏、视频会议等。

12.6.1 什么是数据报

数据报（Datagram）就跟日常生活中的邮件系统一样，是不能保证可靠地寄到的，而面向链接的 TCP 就好比电话，双方能肯定对方接收了信息。

- TCP：可靠，传输大小无限制，但是需要连接建立时间，差错控制开销大。
- UDP：不可靠，差错控制开销较小，传输大小限制在64KB以下，不需要建立连接。

12.6.2 数据报的使用

java.net包中提供了DatagramSocket和DatagramPacket两个类，以支持数据报通信。其中，DatagramSocket用于在程序之间建立传送数据报的通信连接，DatagramPacket用来表示一个数据报。

1. DatagramSocket的构造方法

```
DatagramSocket();
DatagramSocket(int prot);
DatagramSocket(int port, InetAddress laddr);
```

其中，port 指明 socket 所使用的端口号，如果未指明，则把 socket 连接到本地主机上一个可用的端口；laddr 指明一个可用的本地地址。给出端口号时要保证不发生端口冲突，否则会生成 SocketException 例外。注意：上述构造方法都声明抛出非运行时例外 SocketException，在程序中必须进行处理，要么捕获，要么声明抛弃。

用数据报方式编写Client/Server程序时，无论是客户方还是服务器方，首先要建立一个DatagramSocket对象，用来接收或发送数据报，然后使用DatagramPacket类对象作为传输数据的载体。

2. DatagramPacket的构造方法

```
DatagramPacket(byte buf[],int length);
DatagramPacket(byte buf[], int length, InetAddress addr, int port);
DatagramPacket(byte[] buf, int offset, int length);
DatagramPacket(byte[] buf, int offset, int length, InetAddress address, int port);
```

其中，buf 存放数据报数据；length 为数据报中数据的长度；addr 和 port 指明目的地址；offset 指明数据报的位移量。

在接收数据前，应该采用上面的第一种方法生成一个 DatagramPacket 对象，给出接收数据的缓冲区及其长度。然后调用 DatagramSocket 的 receive()方法等待数据报的到来。receive()方法将一直等待，直到收到一个数据报为止。

```
DatagramPacket packet=new DatagramPacket(buf, 256);
Socket.receive (packet);
```

发送数据前，要先生成一个新的 DatagramPacket 对象，这时要使用上面的第二种构造方法，在给出存放发送数据的缓冲区的同时，还要给出完整的目的地址，包括 IP 地址和端口号。

发送数据通过 DatagramSocket 的 send()方法实现，send()方法根据数据报的目的地址来寻径，以传递数据报。

```
DatagramPacket packet=new DatagramPacket(buf, length, address, port);
Socket.send(packet);
```

在构造数据报时，要给出 InetAddress 类参数。InetAddress 类在 java.net 包中定义，用来表示一个 Internet 地址。我们可以通过它提供的类方法 getByName()从一个表示主机名的字符串获取该主机的 IP 地址，然后获取相应的地址信息。

12.6.3　用数据报进行广播通信（MulticastSocket）

DatagramSocket只允许数据报发送一个目的地址。java.net包中提供了一个MulticastSocket类，允许数据报以广播方式发送到该端口的所有客户。MulticastSocket用在客户端，用来监听服务器广播来的数据。

1．客户方程序

【文件 12.3】　MulticastClient .java

```java
import java.io.*;
import java.net.*;
import java.util.*;
public class MulticastClient {
    public static void main(String args[]) throws IOException
    {
        MulticastSocket socket=new MulticastSocket(4446);
        //创建 4446 端口的广播套接字
        InetAddress address=InetAddress.getByName("230.0.0.1");
        //得到 230.0.0.1 的地址信息
        socket.joinGroup(address);
        //使用 joinGroup()将广播套接字绑定到地址上
        DatagramPacket packet;
        for(int i=0;i<5;i++) {
            byte[] buf=new byte[256];
            //创建缓冲区
            packet=new DatagramPacket(buf,buf.length);
            //创建接收数据报
            socket.receive(packet); //接收
            String received=new String(packet.getData());
            //由接收到的数据报得到字节数组
            //并由此构造一个 String 对象
            System.out.println("Quote of theMoment:"+received);
            //打印得到的字符串
        } //循环 5 次
        socket.leaveGroup(address);
        //把广播套接字从地址上解除绑定
        socket.close(); //关闭广播套接字
    }
}
```

2. 服务器方程序

【文件 12.4】 MulticastServer.java

```java
public class MulticastServer{
    public static void main(String args[]) throws java.io.IOException
    {
        new MulticastServerThread().start();
        //启动一个服务器线程
    }
}
```

3. 广播程序

【文件 12.5】 MulticastServerThread.java

```java
import java.io.*;
import java.net.*;
import java.util.*;
public class MulticastServerThread extends QuoteServerThread
//从 QuoteServerThread 继承得到新的服务器线程类 MulticastServerThread
{
    private long FIVE_SECOND=5000; //定义常量, 5 秒钟
    public MulticastServerThread(String name) throws IOException
    {
        super("MulticastServerThread");
        //调用父类, 也就是 QuoteServerThread 的构造函数
    }
    public void run() //重写父类的线程主体
    {
        while(moreQuotes) {
        //根据标志变量判断是否继续循环
        try{
           byte[] buf=new byte[256];
           //创建缓冲区
           String dString=null;
           if(in==null) dString=new Date().toString();
           //如果初始化的时候打开文件失败了
           //则使用日期作为要传送的字符串
           else dString=getNextQuote();
           //否则调用成员函数从文件中读出字符串
           buf=dString.getByte();
           //把 String 转换成字节数组, 以便传送
           InetAddress group=InetAddress.getByName("230.0.0.1");
           //得到 230.0.0.1 的地址信息
           DatagramPacket packet=new DatagramPacket(buf,buf.length,group,4446);
           //根据缓冲区、广播地址和端口号创建 DatagramPacket 对象
           socket.send(packet); //发送该 Packet
           try{
              sleep((long)(Math.random()*FIVE_SECONDS));
              //随机等待一段时间, 0~5 秒
           }catch(InterruptedException e) { } //异常处理
        }catch(IOException e){ //异常处理
           e.printStackTrace( ); //打印错误栈
           moreQuotes=false; //设置结束循环标志
```

```
            }
        }
        socket.close( );  //关闭广播套接口
    }
}
```

12.7　本章总结

　　Socket编程可以说是所有服务器基本的实现手段。它需要一个端口号和一个完整的IP地址。ServerSocket表示服务器，Socket表示客户端，它们都是基于TCP/IP的。DataGrampacket和DataGramsocket则是UDP编程。

　　URL可以表示一个完整的网络地址，并可以通过UrlConnection实现与服务器的会话，比如向服务器提交数据或获取服务器返回的数据。

12.8　课后练习

1. 简述TCP和UDP。
2. 下面对端口的概述哪一个是错误的？

    A．端口是应用程序的逻辑标识　　　　B．端口是有范围限制的
    C．端口的值可以任意　　　　　　　　D．0~1024的端口不建议使用

3. 在Java中，用哪一个类来表示TCP的服务器Socket对象？（　　）

    A．Socket　　　　　　　　　　　　　B．InputStream
    C．ServerSocket　　　　　　　　　　D．OutputStream

4. 使用Socket套接字编程时，为了向对方发送数据，需要使用哪个方法获取流对象？（　　）

    A．getInetAddress()　　　　　　　　B．getLocalPort()
    C．getOutputStream()　　　　　　　 D．getInputStream()

5. 下列选项中哪一个是TCP编程中会使用到的Socket对象？（　　）

    A．DatagramSocket　　　　　　　　　B．ClientScoket
    C．ServerScoket　　　　　　　　　　D．PacketSocket

6. 下面哪个类是UDP传输的数据包类？（　　）

    A．DatagramSocket　　　　　　　　　B．DatagramPacket
    C．Data　　　　　　　　　　　　　　D．Package

第 13 章 Java IO流

I/O（Input/Output，输入输出）是Java中处理读取数据和写数据的简称。在Java中，I/O分为两种：一种为字节流，另一种为字符流。Java中的输入输出操作类位于java.io包中。

- 字节流：表示以字节为单位从stream中读取或往stream中写入信息，即.io包中的inputstream类和outputstream类的派生类，通常用来读取二进制数据，如图像和声音。
- 字符流：以Unicode字符为导向的stream，表示以Unicode字符为单位从stream中读取或往stream中写入信息。

13.1 输入/输出字节流

输入字节流通过字节的方式从文件中向程序读取数据。所有的字节输入流都是java.io.InputStream的子类。它的体系结构如图13-1所示。

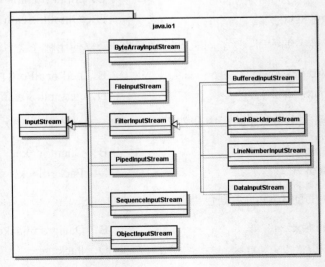

图13-1

输出字节流以向外写字节的方式输出数据。所有字节输出流都是java.io.OuputStream的子类。它的结构如图13-2所示。

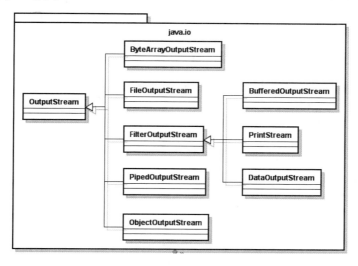

图13-2

13.1.1 InputStream类

InputStream 类为抽象类，不能创建对象，可以通过子类来实例化。InputStream 是输入字节数据用的类，所以 InputStream 类提供了 3 种重载的 read 方法。InputStream 类中的常用方法如下：

- public abstract int read()：读取一字节的数据，返回值是高位补0的int类型值。
- public int read(byte b[ ])：读取b.length字节的数据到b数组中，返回值是读取的字节数。该方法实际上是调用下一个方法实现的。
- public int read(byte b[ ], int off, int len)：从输入流中最多读取len字节的数据，存放到偏移量为off的b数组中。
- public int available()：返回输入流中可以读取的字节数。注意：若输入阻塞，则当前线程将被挂起；如果InputStream对象调用这个方法，就只会返回0，这个方法必须由继承InputStream类的子类对象调用才有用。
- public long skip(long n)：忽略输入流中的n字节，返回值是实际忽略的字节数，跳过一些字节来读取。
- public int close()：在使用完毕后，必须对我们打开的流进行关闭。

13.1.2 OutputStream类

OutputStream 类提供了 3 个 write 方法来进行数据的输出，和 InputStream 是相对应的。

- public void write(byte b[ ])：将参数b中的字节写到输出流。
- public void write(byte b[ ], int off, int len)：将参数b从偏移量off开始的len字节写到输出流。

- public abstract void write(int b)：先将int转换为byte类型，再把低字节写入输出流中。
- public void flush( )：将数据缓冲区中的数据全部输出，并清空缓冲区。
- public void close( )：关闭输出流并释放与流相关的系统资源。

注意：

（1）上述方法都有可能引起异常。

（2）InputStream和OutputStream都是抽象类，不能创建这种类型的对象。

13.1.3 FileInputStream类

FileInputStream类是InputStream类的子类，用来处理以文件作为数据输入源的数据流。使用方法如下。

方法1：

```
File fin=new File("d:/abc.txt");
FileInputStream in=new FileInputStream(fin);
```

方法2：

```
FileInputStream in=new FileInputStream("d: /abc.txt");
```

方法3：

构造函数将FileDescriptor()对象作为其参数：

```
FileDescriptor() fd=new FileDescriptor();
FileInputStream f2=new FileInputStream(fd);
```

是从文件输入流读取内容的。

【文件13.1】 DemoIn.java

```java
public class DemoIn {
    public static void main(String[] args) throws Exception {
        InputStream in = new FileInputStream("d:/a.txt");
        byte[] bs = new byte[1024];
        int len = 0;
        while ((len = in.read(bs)) != -1) {
            String str = new String(bs, 0, len);
            System.err.print(str);
        }
        in.close();
    }
}
```

13.1.4 FileOutputStream类

FileOutputStream类用来处理以文件作为数据输出目的的数据流，可以是一个表示文件名的字符串，也可以是File或FileDescriptor对象。

下面介绍创建一个文件流对象的方法。

方法 1：
```
File f=new File("d:/abc.txt");
FileOutputStream  out=new FileOutputStream (f);
```
方法 2：
```
FileOutputStream out=new  FileOutputStream("d:/abc.txt");
```
方法 3：

构造函数将 FileDescriptor()对象作为其参数：
```
FileDescriptor() fd=new FileDescriptor();
FileOutputStream f2=new FileOutputStream(fd);
```
方法 4：

构造函数将文件名作为其第一个参数，将布尔值是否向文件最后追加数据作为第二个参数。
```
FileOutputStream f=new FileOutputStream("d:/abc.txt",true);
```
注意：

（1）向文件中写数据时，若文件已经存在，则覆盖存在的文件。

（2）当读/写操作结束时，应调用close方法关闭流。

向文件输出流写字符串"Hello"的示例。

【文件 13.2】　　DemoOut.java
```java
public class DemoOut {
    public static void main(String[] args) throws Exception {
        OutputStream out = new FileOutputStream("d:/a.txt");
        out.write("Hello".getBytes());
        out.write("你好\r\n".getBytes());
        out.close();
    }
}
```

13.1.5　其他输入输出字节流

输入输出字节流众多，在此就不一一介绍了，下面简要地说明一些。若读者同时配合API学习，则会获取较好的结果。

1．输入字节流

- **ByteArrayInputStream**：把内存中的一个缓冲区作为InputStream使用，从内存数组中读取数据字节。
- **ObjectInputStream**：对象输入流。从文件中把对象读出来重新建立。对象必须实现Serializable接口。对象中的transient和static类型的成员变量不会被读取和写入。
- **PipedInputStream**：实现了pipe的概念，从线程管道中读取数据字节，主要在线程中使用。管道输入流是指一个通信管道的接收端。一个线程通过管道输出流发送数据，另一个线程通过管道输入流读取数据，即可实现两个线程间的通信。
- SequenceInputStream：把多个InputStream合并为一个InputStream，当到达流的末尾时从一个流转到另一个流。SequenceInputStream类允许应用程序把几个输入流连续地合并起来，并且使它们像单个输入流一样出现。
- BufferedInputStream：缓冲区对数据的访问，以提高效率。
- DataInputStream：从输入流中读取基本数据类型，如int、float、double，或者一行文本。
- LineNumberInputStream：在翻译行结束符的基础上维护一个计数器，该计数器表明正在读取的是哪一行。
- PushbackInputStream：允许把数据字节向后推到流的首部。

2. 输出字节流

- ByteArrayOutputStream：把信息存入内存中的一个缓冲区中，该类实现一个以字节数组形式写入数据的输出流。
- PipedOutputStream：实现了pipe的概念，主要在线程中使用。管道输出流是指一个通信管道的发送端。一个线程通过管道输出流发送数据，另一个线程通过管道输入流读取数据，即可实现两个线程间的通信。
- FilterOutputStream：类似于FilterInputStream，OutputStream也提供了过滤器输出流。
- ObjectOutputStream：对象输出流。对象必须实现Serializable接口，对象中的transient和static类型的成员变量不会被读取和写入。

3. 对象的读写

这里使用得比较多的是对象输入输出流，以下案例是基于这个类型的字节流展开的。

对象输出流和对象输入流可以为应用提供对象持久化的功能，分别调用文件输出流和文件输入流来实现。另一种使用对象流的场景是，在不同主机用socket流在远程通信系统中传递数据。

1) ObjectInputStream

对象输入流用来恢复之前序列化存储的对象，可以确保每次从流中读取的对象能匹配Java虚拟机中已经存在的类，根据需求使用标准机制加载类。另外，只有支持 Serializable 或者 Externalizable 接口的类可以从流中读取出来。对象输入流继承了 InputStream 中字节的读取方法，还有一些常用的方法如下：

- boolean readBoolean()：读出布尔类型数据。
- byte readByte()：读取一个8比特字节。
- char readChar()：读取一个16比特的字符。
- double readDouble()：读取一个64比特的double类型数据。
- float readFloat()：读取一个32比特的float类型数据。
- void readFully(byte[] buf)：将流中所有的字节读取到buf字节数组中。
- void readFully(byte[] buf, int off, int len)：从流中读取len字节数据到buf中，第一字节存放在buf[off]中，第二字节存放在buf[off+1]中，以此类推。

- int readInt()：读取一个32比特的int类型数据。
- long readLong()：读取一个64比特的long类型数据。
- Object readObject()：从流中读取一个对象数据，包括对象所属的类、该类的签名、类中非瞬态和非静态的字段值以及所有非超类型的字段值。
- short readShort()：读取一个16比特的short类型数据。
- int readUnsignedByte()：读取一个非负的8比特字节，转换为int类型返回。
- int readUnsignedShort()：读取非负的16比特的short类型数据，转换为int类型返回。
- String readUTF()：读取一个按UTF-8编码的String类型的数据。

2）ObjectOutputStream

对象输出流是用来持久化对象的，可以将对象数据写入文件，如果是网络流，则可以将对象传输给其他用户进行通信。只有支持Serializable接口的对象支持写入流，每个序列化对象被编码，包括类的名称和类的签名，类的对象中的字段值、arrays变量，以及从初始化对象引用的任何其他对象的闭包。

对象输出流继承了OutputStream中字节写的方法，常用的方法还有以下几种：

- void writeBoolean(boolean val)：写一个布尔类型数据。
- void writeByte(int val)：写一个8比特的字节数据，int类型只截取第8位。
- void writeBytes(String str)：将一个字符串数据当作一个字节序列写入流中。
- void writeChar(int val)：写入一个16比特的字符数据，参数为int，只截取低16位。
- void writeChars(String str)：将一个字符串数据当作一个字符序列写入。
- void writeDouble(double val)：写入一个64比特的double类型数据。
- void writeFloat(float val)：写入一个32比特的float类型数据。
- void writeLong(long val)：写入一个64比特的long类型数据。
- void writeObject(Object obj)：将一个对象写入流中，包括类的名称和类的签名、类的对象中的字段值、arrays变量以及从初始化对象引用的任何其他对象的闭包。
- void writeShort(int val)：将一个16比特的short类型数据写入流中。
- void writeUTF(String str)：将一个按UTF-8编码的字符串数据写入流中。

3）例子

定义一个Person类，用来测试读写对象，然后建立两个Java项目：一个用来写对象，另一个用来读对象。两个Java项目都应该包括Person对象的定义，同时要保证两个工程中Person的包名和类名一致，具体代码如下。

【文件 13.3】　Person.java

```
package model;
import java.io.Serializable;
import java.util.Date;
public class Person implements Serializable{
    public String name;
    public int year;
    public Date birth;
    public String getName() {
```

```java
        return name;
    }
    public void setName(String name) {
        this.name = name;
    }
    public int getYear() {
        return year;
    }
    public void setYear(int year) {
        this.year = year;
    }
    public Date getBirth() {
        return birth;
    }
    public void setBirth(Date birth) {
        this.birth = birth;
    }
    /*
     *重写toString函数,返回内容包括名字、年龄和生日
     */
    public String toString(){
        return name.toString() + " " + year + " " + birth.toString();
    }
}
```

以下是写文件的代码,对序列化对象写入文件。

【文件 13.4】 ObjectTest1.java

```java
import java.io.FileOutputStream;
import java.io.IOException;
import java.io.ObjectOutputStream;
import java.util.Date;
import model.Person;
public class ObjectTest {
    public static void main(String[] args) throws IOException{
        //定义一个文件输出流,用来写文件
        FileOutputStream fos = new FileOutputStream("G:\\person.obj");
        //用文件输出流构造对象输出流
        ObjectOutputStream oos = new ObjectOutputStream(fos);
        Person p1 = new Person();                //定义两个对象
        Person p2 = new Person();
        p1.setName("福国");
        p1.setYear(23);
        p1.setBirth(new Date(95,6,12));
        p2.setName("zhangbin");
        p2.setYear(24);
        p2.setBirth(new Date(94,1,2));
        oos.writeObject(p1);                //将两个对象写入文件
        oos.writeObject(p2);
        oos.close();
        fos.close();
    }
}
```

以下是读文件的代码,将对象从文件中读取出来。

【文件 13.5】 ObjectTest1.java

```java
import java.io.FileInputStream;
import java.io.IOException;
import java.io.ObjectInputStream;
import model.Person;
public class ObjectTest1 {
    public static void main(String[] args) throws IOException, ClassNotFoundException{
        //构造文件输入流
        FileInputStream fis = new FileInputStream("G:\\person.obj");
        //用文件输出流初始化对象输入流
        ObjectInputStream ois = new ObjectInputStream(fis);
        Person p1 = (Person)ois.readObject();      //依次读出对象
        Person p2 = (Person)ois.readObject();
        System.out.println("p1 的内容为:"+p1.toString());
        System.out.println("p2 的内容为:"+p2.toString());
    }
}
```

13.2 实训13：用户注册功能

1. 需求说明

通过客户端的注册页面可以实现向服务器进行用户信息注册的功能。

2. 训练要点

- List、Map集合的应用。
- 泛型的应用。
- 对象输入输出流的应用。
- 使用 Properties类对象资源文件的读写操作。
- 客户端和服务器端通信。

3. 实现思路

（1）使用客户端的注册页面通过Socket通信的方式向服务器发送用户注册信息。

（2）服务器端主线程接收到用户通过Scoket通信的请求，启动服务器服务线程处理请求。

（3）服务器服务线程根据请求的用户注册信息，调用用户注册服务类进行用户注册。

（4）用户注册服务类随机生成用户的账号，通过资源文件操作对象将用户信息写入服务端的用户信息资源文件中，并向客户端发送响应信息。

（5）客户端的注册页面接收到客户端发送的响应信息进行显示。如果注册成功，则显示注册用户新生成的账号。

4. 解决方案及关键代码

（1）使用客户端的注册窗体通过Socket通信的方式向服务器发送用户注册信息。Swing部分的客户端注册页面已经完成并给出所有源代码：

- 客户端的注册窗体com.oraclewdp.client.window.RegisterWindow.java已经给出完整代码。完成客户端注册窗体的注册按钮事件代码。
- 完成com.oraclewdp.client.monitor.RegisterButtonMonitor.java类的actionPerformed()方法，需要完成通过Socket通信的方式向服务器发送用户注册信息。

com.oraclewdp.client.monitor.RegisterButtonMonitor.java类的actionPerformed()方法的代码参考如下：

```java
public void actionPerformed(ActionEvent event) {
    //TODO Auto-generated method stub
    int command = Integer.parseInt(event.getActionCommand());
    switch (command) {
    case 1://如果值是1，那么就是单击的注册按钮
        //验证用户所录入的数据
        if (registerWindow.getPassword().getText()
                .equals(registerWindow.getConfirmPassword().getText())) {
            //User user = new User();
            //user.setName(registerWindow.getUsername().getText());
            //user.setAge(Integer.parseInt(s))
            String username = registerWindow.getUsername().getText();
            String age = registerWindow.getAge().getText();
            String pwd = registerWindow.getPassword().getText();
            String phone = registerWindow.getPhone().getText();
            String address = registerWindow.getAddress().getText();
            if (username == null || "".equals(username)) {
                new MessageDialog(true, "提示信息", "昵称为必填项", registerWindow);
                return;
            } else if (pwd == null || "".equals(pwd)) {
                new MessageDialog(true, "提示信息", "密码为必填项", registerWindow);
                return;
            } else if (age == null || "".equals(age)) {
                new MessageDialog(true, "提示信息", "年龄为必填项", registerWindow);
                return;
            } else {//验证全部通过，进入else
                //创建 User 对象
                User user = new User();
                //为 User 对象赋值
                user.setName(username);
                user.setAge(Integer.parseInt(age));
                user.setPwd(pwd);
                user.setPhone(phone);
                user.setAddress(address);
                Socket socket = null;
                try {
                    //从客户端运行状态类中获取一个 Properties 对象，并从中取出当前服务器的IP地址
                    String ip = ClientRunStatus.SERVERADDRESS.getProperty("ip");
```

```java
                        //从客户端运行状态类中获取一个Properties对象,并从中取出当前服务器
的端口号
                        int port = Integer.parseInt(ClientRunStatus.SERVERADDRESS.
getProperty("port"));
                        //创建与服务器的连接
                        socket = new Socket(ip, port);
                        //创建Request对象,准备向服务器发送这个对象
                        Request request = new Request();
                        //设置Request对象的请求服务名
                        request.setRequestServiceName("Register");
                        //将user对象存放于Reqeust对象中,一起发送给服务器
                        request.setUser(user);
                        //从连接中获取输出流
                        OutputStream out = socket.getOutputStream();
                        //创建对象输出流
                        ObjectOutputStream objectOut = new ObjectOutputStream(out);
                        //将Requeste对象输出到服务器端
                        objectOut.writeObject(request);

                        InputStream in = socket.getInputStream();
                        ObjectInputStream objectIn = new ObjectInputStream(in);
                        Response response = (Response)objectIn.readObject();
                        if(response.getResponseCode()== Response.REGISTER_SUCCESS){
                            new MessageDialog(true, "注册成功", "你的账号为
【"+response.getFromUser().getId()+"】    ,请牢记!!! ", registerWindow);
                        }
                    } catch (UnknownHostException e) {
                        e.printStackTrace();
                    } catch (IOException e) {
                        e.printStackTrace();
                    } catch (ClassNotFoundException e) {
                        e.printStackTrace();
                    } finally {
                        try {
                            if(socket!=null){
                                socket.close();
                            }
                        } catch (IOException e) {
                            //TODO Auto-generated catch block
                            e.printStackTrace();
                        }
                    }
                } else {
                    new MessageDialog(true, "提示信息", "两次密码输入不一样",
registerWindow);
                    return;
                }
                break;
            case 2:
                registerWindow.dispose();
                registerWindow.getLoginWindow().setVisible(true);
                break;
        }
    }
```

（2）服务器端主线程（com.oraclewdp.server.window.Server.java）接收到用户通过Scoket通信的请求，启动服务器服务线程处理请求。

（3）服务器服务线程根据请求的用户注册信息，调用用户注册服务类进行用户注册，编写服务器线程类com.oraclewdp.server.thread.ServetThread.java的run()方法，调用服务器运行状态类ServerRunStatus，读取service.properties:服务器服务名与服务类映射资源文件，获得用户注册类的名称。com.oraclewdp.server.thread.ServetThread.java的run()方法的代码参考如下：

```java
public void run() {
    InputStream in = null;
    String exceptionMessage = "";
    Request request = null;

    try {
        //从客户端的连接中获取输入流
        in = this.socket.getInputStream();
        //创建对象流

        ObjectInputStream objectIn = null;
        while(this.runnable){
            objectIn = new ObjectInputStream(in);
            //在这里会存在一个IO阻塞
            request = (Request)objectIn.readObject();
            //从Request对象中获取客户端所请求的服务名字
            String serviceName = request.getRequestServiceName();
            //System.out.println(serviceName);
            //从服务器运行状态类中获取Properties对象，并取出对应键的相应值
            //如果此时的serviceName的值是Register，那么将取出com.oraclewdp.service.impl.RegisterService
            //并通过Class.forName方法获取到对应的一个类
            String className = ServerRunStatus.SERVICEPROPERTIES.getProperty(serviceName);
            //System.out.println(className);
            Class<?> serviceClass = Class.forName(className);
            //通过serviceClass的newInstance方法调用这个类的无参构造方法，并得到一个实例
            //将这个实例转型为ServerService类型
            //由此可以得出com.oraclewdp.service.impl.RegisterServicen必然是实现了ServerService接口的一个类，所以才可以强转
            ServerService service = (ServerService)serviceClass.newInstance();
            //调用实例的service方法
            service.service(request,this.socket,this.infoText,this);
        }
    } catch (IOException e) {
        exceptionMessage = e.getMessage()+"\n";
        exceptionMessage += "可能是由于用户端与服务器失去连接\n";
        this.exitType = false;
        e.printStackTrace();
    } catch (ClassNotFoundException e) {
        exceptionMessage = e.getMessage()+"\n";
        this.exitType = false;
        e.printStackTrace();
    } catch (InstantiationException e) {
        exceptionMessage = e.getMessage()+"\n";
```

```java
                this.exitType = false;
                e.printStackTrace();
            } catch (IllegalAccessException e) {
                exceptionMessage = e.getMessage()+"\n";
                this.exitType = false;
                e.printStackTrace();
            } finally {
                this.runnable = false;
                this.infoText.append(exceptionMessage);
                if(exitType){
                    this.infoText.append("IP 地址为
【"+this.socket.getInetAddress().getHostAddress()+"】 的用户(请求)退出\n");
                    ServerRunStatus.USERS.remove(request.getUser());
                    new LoginService().sendOnlineMessage(request.getUser());
                }else{
                    this.infoText.append("IP 地址为
【"+this.socket.getInetAddress().getHostAddress()+"】 的用户(非正常)退出\n");
//                  User user = new User();
//                  user.setAddress(socket.getInetAddress().getHostAddress());
//                  user.setPort(socket.getPort());
                    ServerRunStatus.USERS.remove(request.getUser());
                    new LoginService().sendOnlineMessage(request.getUser());
                }
                String remoteHost = this.socket.getInetAddress().getHostAddress()
                        + ":" + this.socket.getPort();
                this.infoText.append("移除保存在服务器中的连接与用户信息\n");
                ServerRunStatus.SERVICEPROPERTIES.remove(remoteHost);

                try {
                    this.socket.close();
                } catch (IOException e) {
                    exceptionMessage = e.getMessage()+"\n";
                    e.printStackTrace();
                }
            }
        }
    }
```

服务器运行状态类ServerRunStatus的代码参考如下：

```java
public class ServerRunStatus {
    public static final Map<String, Socket> CLIENTS = new HashMap<String, Socket>();
    public static final List<User> USERS = new ArrayList<User>();
    public static final Properties SERVICEPROPERTIES = new Properties();
    static {
        InputStream in =
ServerRunStatus.class.getResourceAsStream("service.properties");
        try {
            SERVICEPROPERTIES.load(in);
        } catch (IOException e) {
            e.printStackTrace();
        } finally {
            try {
                if (in != null) {
                    in.close();
                }
            } catch (IOException e) {
```

```
                e.printStackTrace();
            }
        }
    }
}
```

service.properties：服务器服务名与服务类映射资源文件的代码参考如下：

```
Login=com.oraclewdp.service.impl.LoginService
Register=com.oraclewdp.service.impl.RegisterService
Message=com.oraclewdp.service.impl.MessageService
AddFriend=com.oraclewdp.service.impl.AddFriendService
FriendList=com.oraclewdp.service.impl.FriendListService
Exit=com.oraclewdp.service.impl.ExitService
```

（4）用户注册服务类（com.oraclewdp.service.impl.RegisterService.java）随机生成用户的账号（builderID()方法），将通过资源文件操作对象（PropertiesOperator.java）的newUser()方法将用户信息写入服务端的用户信息资源文件中，并向客户端发送响应信息。

用户注册服务类（RegisterService.java）的代码参考如下：

```
public class RegisterService implements ServerService {

    @Override
    public void service(Request request,Socket socket,JTextArea infoText,ServerThread serverThread) {

        User user = request.getUser();
        infoText.append("名为【"+user.getName()+"】 的用户尝试注册\n");
        infoText.append("尝试生成一个用户 ID\n");

        OutputStream out = null;
        try {
            //定位 users.properties 文件
            String path = System.getProperty("user.dir")+"/src/com/oraclewdp/user/users.properties";
            InputStream in = new FileInputStream(path);
            Properties userProperties = new Properties();
            //利用 properties 对象读取文件中的值，并以键-值对的方式保存在这个 properties 对象中
            userProperties.load(in);
            //调用 builderID 方法生成一个不重复的 ID 号，并填充 User 对象中的 id 属性的值
            builderID(user,userProperties);
            infoText.append("创建了一个 ID 号为【"+user.getId()+"】 的用户\n");
            //为 properties 对象创建新的属性
            userProperties.setProperty(user.getId()+".id", String.valueOf(user.getId()));
            userProperties.setProperty(user.getId()+".pwd", user.getPwd());
            userProperties.setProperty(user.getId()+".name", user.getName());
            userProperties.setProperty(user.getId()+".age", String.valueOf(user.getAge()));
            userProperties.setProperty(user.getId()+".phone", user.getPhone());
            userProperties.setProperty(user.getId()+".address", user.getAddress());
            out = new FileOutputStream(path);
            //将 properties 对象写入文件
```

```
            userProperties.store(out, null);
            //创建 Response 对象
            Response response = new Response();
            //设置 Response 对象的 responseCode 属性的值, 通过常量进入赋值
            response.setResponseCode(Response.REGISTER_SUCCESS);
            response.setResponseServiceName(request.getRequestServiceName());
            response.setFromUser(user);
            response.send(socket);
            serverThread.shutDown();
        } catch (IOException e) {
            e.printStackTrace();
        } finally {
            try {
                socket.close();
                if(out!=null){
                    out.close();
                }
            } catch (IOException e) {
                //TODO Auto-generated catch block
                e.printStackTrace();
            }
        }
    }
    /**
     * 生成用户 ID, 如果生成了一个重复 ID, 将重新生成
     * @param user
     * @param pro
     */
    private void builderID(User user,Properties pro){
        //生成一个 5 位数的整数
        int id = (int)((Math.random()*(100000-10000))+10000);
        //10000 10000.id
        String key = id+".id";
        String uid = pro.getProperty(key);
        if(uid==null||"".equals(uid)){
            user.setId(id);
            PropertiesOperator.newUser(String.valueOf(user.getId()));
        }else{
            builderID(user,pro);
        }
    }
//    public static void main(String[] args) {
//        String sss = null;
//        System.out.println("".equals(sss));
//    }
}
```

（5）客户端的注册页面接收到客户端发送的响应信息进行显示。如果注册成功，则显示注册用户新生成的账号。com.oraclewdp.client.monitor.RegisterButtonMonitor.java 类的 actionPerformed()方法的代码如下：

```
InputStream in = socket.getInputStream();
ObjectInputStream objectIn = new ObjectInputStream(in);
Response response = (Response)objectIn.readObject();
if(response.getResponseCode()==Response.REGISTER_SUCCESS){
```

```
        new MessageDialog(true, "注册成功", "你的账号为
【"+response.getFromUser().getId()+"】 ,请牢记!!! ", registerWindow);
    }
```

13.3 实训14：用户登录功能

1．需求说明

使用用户登录窗体，实现向服务器发送登录请求信息，服务器验证登录请求信息是否正确，并将验证结果返回给客户端，客户端根据验证结果进行窗体调用。如果正确，则显示聊天主窗体，在聊天主窗体上显示用户好友列表，并显示其在线状态。

2．训练要点

- List、Map集合的应用。
- 泛型的应用。
- 对象输入输出流的应用。
- 使用 Properties 类对象进行资源文件的读写操作。
- 客户端和服务器端通信。

3．实现思路及关键代码

（1）使用客户端的登录窗体（LoginWindow.java）的登录按钮的事件处理类（LoginButtonMonitor.java）通过Socket通信的方式向服务器发送用户登录信息，并创建客户端线程等待处理服务器响应。登录按钮的事件处理类（LoginButtonMonitor.java）的参考代码如下：

```java
public class LoginButtonMonitor implements ActionListener {
    private LoginWindow loginWindow;
    /**
     * Login 窗口的监听器构造
     *
     * @param loginWindow
     */
    public LoginButtonMonitor(LoginWindow loginWindow) {
        this.loginWindow = loginWindow;
    }

    @Override
    public void actionPerformed(ActionEvent event) {
        int command = Integer.parseInt(event.getActionCommand());
        switch (command) {
        case 1://如果值是1,那么单击的就是"登录"按钮
            try {
                //从配置信息中获取服务器端的IP地址
                String ip = ClientRunStatus.SERVERADDRESS.getProperty("ip");
                //从配置信息中获取服务器端的端口号
                int port = Integer.parseInt(ClientRunStatus.SERVERADDRESS.getProperty("port"));
                //与服务器创建连接
```

```java
            Socket socket = new Socket(ip, port);
            //创建Request对象，准备发送给服务器端
            Request request = new Request();
            //设置Request对象的请求服务名
            request.setRequestServiceName("Login");
            User user = new User();
            user.setId(Integer.parseInt(this.loginWindow.getUserid()
                    .getText()));
            user.setPwd(this.loginWindow.getPassword().getText());
            request.setUser(user);
            //从连接中获取输出流
            OutputStream out = socket.getOutputStream();
            //创建对象流输出流
            ObjectOutputStream objectOut = new ObjectOutputStream(out);
            //通过对象输出流将Request对象发送给服务器端
            objectOut.writeObject(request);
            objectOut.flush();
            //创建客户端线程对象
            ClientThread ct = new ClientThread(socket,this.loginWindow);
            //创建线程对象
            Thread t = new Thread(ct);
            //启动线程
            t.start();
        } catch (NumberFormatException e) {
            //TODO Auto-generated catch block
            JOptionPane.showMessageDialog(null, "用户名只能是数字");
            e.printStackTrace();
        } catch (UnknownHostException e) {
            //TODO Auto-generated catch block
            e.printStackTrace();
        } catch (IOException e) {
            //TODO Auto-generated catch block
            e.printStackTrace();
        }
        break;
    case 2://如果值是2，那么单击的就是"注册"按钮
        //将登录窗口隐藏
        this.loginWindow.setVisible(false);
        //创建注册窗口
        RegisterWindow registerWindow = new RegisterWindow();
        registerWindow.launchRegisterWindow(this.loginWindow);
        break;
    }
  }
}
```

（2）服务器端主线程（Server.java）接收到用户通过Scoket通信的请求，启动服务器服务线程，并处理请求。

（3）服务器服务线程（ServetThread.java）根据请求的用户登录信息，调用服务器运行状态类（ServerRunStatus.java），读取service.properties:服务器服务名与服务类映射资源文件，获得用户登录类的名称，利用反射调用用户登录服务类（LoginService.java）进行用户登录处理。

（4）用户登录服务类（LoginService.java）通过资源文件操作类（PropertiesOperator.java）

的loadUser()方法读取users.properties文件进行登录处理，若登录成功，则向服务器运行状态类（ServerRunStatus.java）中的客户端列表对象（CLIENTS）增加客户端信息，向用户列表对象（USERS）增加用户信息，并通过sendOnlineMessage()方法调用好友列表服务类（FriendListService.java）向客户端返回用户好友列表。

用户登录服务类（LoginService.java）的参考代码如下：

```java
public class LoginService implements ServerService {
    @Override
    public void service(Request request,Socket socket,JTextArea infoText,ServerThread serverThread) {
        infoText.append("id号为【"+request.getUser().getId()+"】 的用户正在尝试登录\n");
        User user = PropertiesOperator.loadUser(request.getUser().getId());
        //创建Response对象，准备回发给客户端
        Response response = new Response();
        //设置响应的服务名
        response.setResponseServiceName(request.getRequestServiceName());
        //如果user对象为null，那么就是没有找到一个相对应的ID号的用户
        if(user!=null){
            //匹配用户的密码与配置文件中的密码是否一致
            if(request.getUser().getPwd().equals(user.getPwd())){
                String remoteHost = socket.getInetAddress().getHostAddress()+":"+socket.getPort();
                ServerRunStatus.CLIENTS.put(remoteHost, socket);
                infoText.append("id号为【"+request.getUser().getId()+"】 的用户登录成功\n");
                user.setIp(socket.getInetAddress().getHostAddress());
                user.setPort(socket.getPort());
                response.setFromUser(user);
                response.setResponseCode(Response.LOGIN_SUCCESS);
                user.setOnline(true);
                ServerRunStatus.USERS.add(user);
                sendOnlineMessage(user);
                infoText.append("当前的在线用户一共有："+ServerRunStatus.USERS.size()+"个用户\n");
                response.send(socket);

            }else{
                infoText.append("id号为【"+request.getUser().getId()+"】 的用户由于密码错误，登录失败\n");
                response.setResponseCode(Response.LOGIN_PASSWORD_ERROR);
                response.send(socket);
                //serverThread.shutDown();
            }
        }else{
            infoText.append("id号为【"+request.getUser().getId()+"】 的用户不存在，登录失败\n");
            response.setResponseCode(Response.LOGIN_USERNAME_INVALID);
            response.send(socket);
            //serverThread.shutDown();
        }
        //通过response对象的send方法，将response对象发送给客户端
    }
```

```java
    public void sendOnlineMessage(User user){
        List<User> userList = PropertiesOperator.getFriendList(user.getId());
        for(int i=0;i<userList.size();i++){
            for(int j=0;j<ServerRunStatus.USERS.size();j++){
                if(userList.get(i).equals(ServerRunStatus.USERS.get(j))){
                    User sendUser = ServerRunStatus.USERS.get(j);
                    String remoteHost = sendUser.getIp()+":"+sendUser.getPort();
                    Socket socket = ServerRunStatus.CLIENTS.get(remoteHost);
                    new FriendListService().service(ServerRunStatus.USERS.get(j),socket);
                }
            }
        }
    }
```

资源文件操作类（PropertiesOperator.java）的loadUser()方法的参考代码如下：

```java
public static User loadUser(int id) {
    //创建Properties对象
    Properties userProperties = new Properties();
    User user = null;
    //定位文件路径
    String path = System.getProperty("user.dir")
            + "/src/com/oraclewdp/user/users.properties";
    InputStream in = null;
    try {
        //利用Properties对象加载文件中的信息
        in = new FileInputStream(path);
        userProperties.load(in);
        //获取信息
        String idStr = userProperties.getProperty(id + ".id");
        //如果取到值，则进入if语句块，如果没取到值，则直接返回一个null值
        if (idStr != null && !"".equals(idStr)) {
            user = new User();
            user.setId(id);
            user.setName(userProperties.getProperty(id + ".name"));
            user.setPwd(userProperties.getProperty(id + ".pwd"));
            user.setAge(Integer.parseInt(userProperties.getProperty(id
                    + ".age")));
            user.setPhone(userProperties.getProperty(id + ".phone"));
            user.setAddress(userProperties.getProperty(id + ".address"));
        }
    } catch (FileNotFoundException e) {
        e.printStackTrace();
    } catch (IOException e) {
        e.printStackTrace();
    } finally {
        try {
            if (in != null) {
                in.close();
            }
        } catch (IOException e) {
            e.printStackTrace();
        }
    }
}
```

```
        return user;
    }
```

（5）好友列表服务类（FriendListService.java）调用资源文件操作类（PropertiesOperator.java）的getFriendList()方法获得好友列表，将好友列表响应回客户端。

好友列表服务类（FriendListService.java）的参考代码如下：

```
public class FriendListService implements ServerService {

    @Override
    public void service(Request request, Socket socket, JTextArea infoText,
ServerThread serverThread) {
        User user = request.getUser();
        List<User> userList = PropertiesOperator.getFriendList(user.getId());
        for(int i=0;i<userList.size();i++){
            for(int j=0;j<ServerRunStatus.USERS.size();j++){
                if(userList.get(i).equals(ServerRunStatus.USERS.get(j))){
                    userList.set(i, ServerRunStatus.USERS.get(j));
                }
            }
        }
        Response response = new Response();
        response.setFriendList(userList);
        response.setResponseServiceName(request.getRequestServiceName());
        response.send(socket);
    }
    public void service(User user,Socket socket){
        List<User> userList = PropertiesOperator.getFriendList(user.getId());
        for(int i=0;i<userList.size();i++){
            for(int j=0;j<ServerRunStatus.USERS.size();j++){
                if(userList.get(i).equals(ServerRunStatus.USERS.get(j))){
                    userList.set(i, ServerRunStatus.USERS.get(j));
                }
            }
        }
        Response response = new Response();
        response.setFriendList(userList);
        response.setResponseServiceName("FriendList");
        response.send(socket);
    }
}
```

资源文件操作类（PropertiesOperator.java）的getFriendList()方法参见MyQQServer项目源码。

（6）客户端线程接收到服务器端响应后，如果登录成功，则根据响应内容调用登录处理实现类（LoginProcessing.java）和好友列表处理实现类（FriendListProcessing.java）。

（7）登录处理实现类（LoginProcessing.java）处理登录结果，如果登录成功，则显示聊天主窗体，参考代码如下：

```
public class LoginProcessing implements ClientProcessing {

    public void processing(Response response, Socket socket, JFrame frame) {
        if(response.getResponseCode()==Response.LOGIN_SUCCESS){
            JOptionPane.showMessageDialog(null, "登录成功");
            ClientRunStatus.getInstance().setSocket(socket);
```

```
            ClientRunStatus.getInstance().setLoginUser (response.getFromUser());
            new FriendWindow(frame);
        }else if (response.getResponseCode()==Response.LOGIN_PASSWORD_ERROR){
            JOptionPane.showMessageDialog(null, "密码错误");
//          try {
//              socket.close();
//          } catch (IOException e) {
//              e.printStackTrace();
//          }
        }else if (response.getResponseCode()==Response.LOGIN_USERNAME_INVALID){
            JOptionPane.showMessageDialog(null, "用户不存在");
//          try {
//              socket.close();
//          } catch (IOException e) {
//              e.printStackTrace();
//          }
        }
    }
}
```

（8）好友列表处理实现类（FriendListProcessing.java）负责将用户的好友显示在聊天主窗体中，参考代码如下：

```
public class FriendListProcessing implements ClientProcessing {

    @Override
    public void processing(Response response, Socket socket, JFrame frame) {
        int size = 0;
        if(response.getFriendList()!=null){
            Collections.sort(response.getFriendList());
            Collections.reverse(response.getFriendList());
            size = response.getFriendList().size();
        }
        User[] users = new User[size];

        for(int i=0;i<users.length;i++){
            users[i]=response.getFriendList().get(i);
        }
        FriendWindow.friendList.setListData(users);
        FriendWindow.friendList.repaint();
    }
}
```

13.4 输入/输出字符流

输入/输出字符流以字符为单位，可用于读写字符，如文本文件。java.io.Reader是所有字符输入流的父类，java.io.Writer是所有字符输出流的父类。Reader的体系结构如图13-3所示。Writer类的体系结构如图13-4所示。

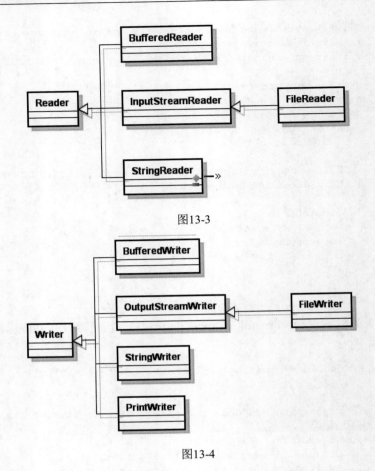

图13-3

图13-4

13.4.1 字符输入流Reader

字符输入流体系是对字节输入流体系的升级,在子类的功能上基本和字节输入流体系中的子类一一对应,但是字符输入流的内部设计方式有所不同,执行效率要比字节输入流体系高一些。在使用类似功能的类时,可以优先选择字符输入流体系中的类,从而提高程序的执行效率。

Reader体系中的类和InputStream体系中的类在功能上是一致的,最大的区别是Reader体系中的类读取数据的单位是字符(char),也就是每次最少读入一个字符(2字节)的数据。在Reader体系中,读数据的方法都是以字符作为基本单位的。

Reader 类的一些方法说明如下:

- Int read():读取单个字符。
- Int read(char[] cbuf):将字符读入数组。
- abstract void close():关闭该流并释放与之关联的所有资源。

使用 FileReader 读取字符流的示例如下。

【文件 13.6】　DemoIn2.java

```
public class DemoIn2 {
    public static void main(String[] args) throws Exception {
```

```java
        FileReader reader = new FileReader("D:/a.txt");
        char[] cs = new char[1024];
        int len=0;
        while((len=reader.read(cs))!=-1){
            String str = new String(cs,0,len);
            System.err.print(str);
        }
        reader.close();
    }
}
```

13.4.2 字符输出流Writer

字符输出流体系是对字节输出流体系的升级，在子类的功能实现上基本和字节输出流保持一一对应。由于该体系中的类设计得比较晚，因此该体系中的类执行的效率要比字节输出流中对应的类效率高一些。在使用类似功能的类时，可以优先选择该体系中的类，从而提高程序的执行效率。

Writer体系中的类和OutputStream体系中的类在功能上是一致的，最大的区别就是Writer体系中的类写入数据的单位是字符（char），也就是每次最少写入一个字符（2字节）的数据。在Writer体系中，写数据的方法都是以字符作为基本单位的。

Writer 类的部分方法说明如下：

- abstract void close()：关闭此流，但要先刷新它。
- abstract void flush()：刷新该流的缓冲。
- void write(char[] cbuf)：写入字符数组。
- abstract void write(char[] cbuf, int off, int len)：写入字符数组的某一部分。
- void write(int c)：写入单个字符。
- void write(String str)：写入字符串。
- void write(String str, int off, int len)：写入字符串的某一部分。
- Writer append(char c)：将指定字符添加到此writer。
- Writer append(CharSequence csq)：将指定字符序列添加到此writer。
- Writer append(CharSequence csq, int start, int end)：将指定字符序列的子序列添加到此writer.Appendable。

以下示例将使用 Writer 向文件中写数据。

【文件 13.7】　DemoOut2.java

```java
public class DemoOut2 {
    public static void main(String[] args) throws Exception {
        Writer writer = new FileWriter("d:/a.txt");
        writer.append("Hello");
        writer.write("你好\r\n");
        writer.close();
    }
}
```

13.4.3 转换输入/输出流

InputStreamReader和OutputStreamWriter是转换流，用于将Stream转换成Reader或Writer，且在转换的过程中可以设置编码类型。

1. InputStreamReader类

InputStreamReader将字节流转换为字符流，是字节流通向字符流的桥梁。如果不指定字符集编码，那么该解码过程将使用平台默认的字符编码，如GBK。

1）构造方法

```
//构造一个默认编码集的 InputStreamReader 类
InputStreamReader isr = new InputStreamReader(InputStream in);
//构造一个指定编码集的 InputStreamReader 类
InputStreamReader isr = new InputStreamReader(InputStream in,String charsetName);
```

其中，参数 in 对象通过 InputStream in = System.in;（读取键盘上的数据）或者 InputStream in = new FileInputStream(String fileName);（读取文件中的数据）获得。可以看出 FileInputStream 为 InputStream 的子类。

2）主要方法

```
int read();//读取单个字符
int read(char []cbuf);//将读取到的字符存到数组中，返回读取的字符数
```

在实际的开发中，我们都会再将 InputStreamReader 包装成 BufferedReader，例如：

```
BufferedReader reader = new BufferedReader(new InputStreamReader(new FileInputStream("d:/a.txt")));
```

2. OutputStreamWriter类

OutputStreamWriter将字节流转换为字符流，是字节流通向字符流的桥梁。如果不指定字符集编码，那么该解码过程将使用平台默认的字符编码，如GBK。

1）构造方法

```
//构造一个默认编码集的 OutputStreamWriter 类
new OutputStreamWriter(OutputStream out);
//构造一个指定编码集的 OutputStreamWriter 类
new OutputStreamWriter(OutputStream out,String charsetName);
```

其中，参数 out 对象通过 InputStream out = System.out;（打印到控制台上）获得。

2）主要方法

```
void write(int c);//将单个字符写入
viod write(String str,int off,int len);//将字符串某部分写入
void flush();//将该流中的缓冲数据刷到目的地中
```

在开发中，我们经常会将 OutputStream 转换成字符流输出数据，例如：

```
    BufferedWriter w = new BufferedWriter(new OutputStreamWriter(new
FileOutputStream("d:/a.txt"),"UTF-8"));
```

13.5 File类

为了便于代表文件的概念以及存储一些对文件的基本操作,java.io包中提供了一个专门处理文件的类——File类。

在File类中包含大部分对文件操作的功能方法,该类的对象可以代表一个具体的文件或文件夹,所以以前曾有人建议将该类的类名修改成FilePath,因为该类也可以代表一个文件夹,更准确地说是可以代表一个文件路径。

下面介绍File类的基本使用方法。

13.5.1 File类的对象代表文件路径

File类的对象可以代表一个具体的文件路径,既可以是绝对路径,也可以是相对路径。下面是创建的文件对象示例。

1. public File(String pathname)

该示例中使用一个文件路径表示一个File类的对象,例如:

```
File f1 = new File("d://test//1.txt");
File f2 = new File("1.txt");
File f3 = new File("e://abc");
```

这里的f1和f2对象分别代表一个文件,其中f1是绝对路径,f2是相对路径,f3则代表一个文件夹(文件夹也是文件路径的一种)。

2. public File(String parent, String child)

也可以使用父路径和子路径结合,实现代表文件路径,例如:

```
File f4 = new File("d://test//","1.txt");
```

这样代表的文件路径是 d:/test/1.txt。

13.5.2 File类的常用方法

File类中包含很多获得文件或文件夹属性的方法,使用起来比较方便。下面将介绍几种常见的方法。

1. createNewFile方法:public boolean createNewFile() throws IOException

该方法的作用是创建指定的文件。该方法只能用于创建文件,不能用于创建文件夹,且文件路径中包含的文件夹必须存在。

2．delete方法：public boolean delete()

该方法的作用是删除当前文件或文件夹。如果删除的是文件夹，则该文件夹必须为空。如果需要删除一个非空的文件夹，则首先删除该文件夹内部的每个文件和文件夹，需要书写一定的逻辑代码来实现。

3．exists方法：public boolean exists()

该方法的作用是判断当前文件或文件夹是否存在。

4．getAbsolutePath方法：public String getAbsolutePath()

该方法的作用是获得当前文件或文件夹的绝对路径。例如，c:/test/1.t将返回c:/test/1.t。

5．getName方法：public String getName()

该方法的作用是获得当前文件或文件夹的名称。例如，c:/test/1.t将返回1.t。

6．getParent方法：public String getParent()

该方法的作用是获得当前路径中的父路径。例如，c:/test/1.t将返回c:/test。

7．isDirectory方法：public boolean isDirectory()

该方法的作用是判断当前File对象是不是目录。

8．isFile方法：public boolean isFile()

该方法的作用是判断当前File对象是不是文件。

9．length方法：public long length()

该方法的作用是返回文件存储时占用的字节数。该数值获得的是文件的实际大小，而不是文件在存储时占用的空间数。

10．list方法：public String[] list()

该方法的作用是返回当前文件夹下所有的文件名和文件夹名称。注意：该名称不是绝对路径。

11．listFiles方法：public File[] listFiles()

该方法的作用是返回当前文件夹下所有的文件对象。

12．mkdir方法：public boolean mkdir()

该方法的作用是创建当前文件的文件夹，而不是创建该路径中的其他文件夹。假设d盘下只有一个test文件夹，则创建d:/test/abc文件夹成功，创建d:/a/b文件夹失败，因为该路径中d:/a文件夹不存在。如果创建成功就返回true，否则返回false。

13．mkdirs方法：public boolean mkdirs()

该方法的作用是创建文件夹。如果当前路径中包含的父目录不存在，就会自动根据需要创建。

14. renameTo方法：public boolean renameTo(File dest)

该方法的作用是修改文件名。在修改文件名时不能改变文件路径，如果该路径下已有该文件，则会修改失败。

15. setReadOnly方法：public boolean setReadOnly()

该方法的作用是设置当前文件或文件夹为只读。

以下是一个使用File类API的例子，可以照着练习一遍。

【文件 13.8】 FileDemo.java

```java
import java.io.File;
import java.io.IOException;
public class FileDemo {
    public static void main(String[] args) {
        //创建一个文件对象
        File f=new File("aa.txt");
        try {
            f.createNewFile();//创建文件
        } catch (IOException e) {
            //TODO Auto-generated catch block
            e.printStackTrace();
        }//创建一个文件
        //看一些文件属性
        System.out.println(f.getName());
        System.out.println(f.getAbsolutePath());//绝对路径
        System.out.println(f.getPath());//文件在创建的时候使用的路径
        System.out.println(f.isFile());//判断当前文件f是不是一个文件
        //删除文件
        //f.delete();
        File[] files = f.listFiles();//表示当前文件f下面还有多少文件或者文件夹
        for (File file : files) {//显示所有文件名称
            if(file.isFile()){
                System.out.println(file.getName());
            }
        }
    }
}
```

13.6 本章总结

关于IO类的掌握，需要在实际开发过程中多使用，从而更深入地体会IO类设计的初衷，并掌握IO类的使用。

IO类是Java中进行网络编程的基础，所以掌握IO类的使用也是学习网络编程必需的基础。

13.7 课后练习

1. 简述Java IO和Java NIO的区别。
2. 以下哪些类是FileOutputStream的正确构造形式？（　　）

   A. FileOutputStream(String path,boolean bo);
   B. FileOutputStream(String path);
   C. FileOutputStream(boolean boo);
   D. FileOutputStream(File file);

3. 以下关于File类的说法正确的是（　　）。

   A. 一个File对象代表了操作系统中的一个文件或者文件夹
   B. 可以使用File对象创建和删除一个文件
   C. 可以使用File对象创建和删除一个文件夹
   D. 当一个File对象被垃圾回收时，系统上对应的文件或文件夹也被删除

4. 有以下代码：

```java
import java.io.*;
class Address{
    private String addressName;
    private String zipCode;
    //构造方法
    //get/set方法
}
class Worker implements Serializable{
    private String name;
    private int age;
    private Address address;
    //构造方法
    //get/set方法
}
public class TestSerializable {
    public static void main(String args[]) throws Exception{
        Address addr = new Address("Beijing", "100000");
        Worker w = new Worker("Tom", 18, addr);
        ObjectOutputStream oout = new ObjectOutputStream(
                new FileOutputStream("d:/someFile") );
        oout.writeObject(w);
        oout.close();
    }
}
```

下列说法正确的是（　　）。
   A．该程序编译出错
   B．编译正常，运行时异常
   C．编译正常，运行时也正常
5．实现文件从一个目录到另一个目录的备份，使用字节输入流和字节输出流实现。

第 14 章

Java反射机制

　　Java反射是指在Java程序运行状态中,对于任意一个类都可以通过它的Class字节码文件得到对应的Class类型的对象,从而获取该类的所有内容,包括所有的属性与方法。当然,也可以调用它的所有内容。Reflection是Java程序开发语言的特征之一,允许运行中的Java程序对自身进行检查,或者说"自审",并能直接操作程序的内部属性。Java反射除了显示类的自身信息外,还可以创建对象和执行方法等。

14.1 获取类的方法

　　java.lang.reflection.Method表示类的方法。通过class.getMethod()即可获取某个类的某个方法,或者通过class.getMethods()返回一个类的所有方法的数组。
　　找出一个类中定义了什么方法,这是一个非常有价值也非常基础的reflection用法,示例代码如下。

【文件 14.1】 InformationTest.java

```java
import java.lang.reflect.*;
/**
*获取指定类的方法相关信息
*/
class InformationTest
{
    public static void main(String[] args) throws Exception
    {
        //得到 String 类对象
        Class cls=Class.forName("java.lang.String");
        //得到所有的方法,包括从父类继承过来的方法
        Method []methList=cls.getMethods();
        //下面得到的是 String 类本身声明的方法
        //Method []methList=cls.getDeclaredMethods();
        //遍历所有的方法
```

```java
        for(Method m:methList){
            //方法名
            System.out.println("方法名="+m.getName());
            //方法声明所在的类
            System.out.println("声明的类="+m.getDeclaringClass());
            //获取所有参数类型的集体
            Class []paramTypes=m.getParameterTypes();
            //遍历参数类型
            for(int i=0;i<paramTypes.length;i++){
                System.out.println("参数 "+i+" = "+paramTypes[i]);
            }
            //获取所有异常的类型
            Class []excepTypes=m.getExceptionTypes();
            //遍历异常类型
            for(int j=0;j<excepTypes.length;j++){
                System.out.println("异常 "+j+" = "+excepTypes[j]);
            }
            //方法的返回类型
            System.out.println("返回类型 ="+m.getReturnType());
            //结束一层循环标志
            System.out.println("---------");
        }
    }
}
```

14.2 获取构造函数信息

java.lang.reflect.Constructor表示类的构造方法。通过class.getConstructors()可以获取一个类的所有构造函数。

获取类构造器的用法与上述获取类的方法的用法类似，示例代码如下。

【文件 14.2】 ConstructorTest.java

```java
import java.lang.reflect.*;
import java.io.IOException;
/**
*获取指定类的构造器相关信息
*/
public class ConstructorTest
{
    private int i;
    private double j;
    //默认的构造器
    public ConstructorTest(){
    }
    //重载的构造器
    public ConstructorTest(int i,double j)throws IOException{
        this.i=i;
        this.j=j;
    }
    public static void main(String[] args) throws Exception
```

```java
    {
        //得到本类的类对象
        Class cls=Class.forName("ConstructorTest");
        //取得所有在本类声明的构造器
        Constructor []cs=cls.getDeclaredConstructors();
        //遍历
        for(Constructor c:cs){
            //构造器名称
            System.out.println("构造器名="+c.getName());
            //构造器声明所在的类
            System.out.println("其声明的类="+c.getDeclaringClass());
            //取得参数的类型集合
            Class []ps=c.getParameterTypes();
            //遍历参数类型
            for(int i=0;i<ps.length;i++){
                System.out.println("参数类型"+i+"="+ps[i]);
            }
            //取得异常的类型集合
            Class []es=c.getExceptionTypes();
            //遍历异常类型
            for(int j=0;j<es.length;j++){
                System.out.println("异常类型"+j+"="+es[j]);
            }
            //结束一层循环标志
            System.out.println("-----------");
        }
    }
}
```

14.3 获取类的字段

java.lang.reflect.Field表示成员信息,通过clsss.getFields()可以获取一个类的所有字段(域)信息,找出一个类中定义了哪些数据字段也是可能的,示例如下。

【文件 14.3】 FileldTest.java

```java
import java.lang.reflect.*;
/**
*获取指定类的字段相关信息
*/
class FieldTest
{
    //字段1
    private double d;
    //字段2
    public static final int i=37;
    //字段3
    String str="fieldstest";
    public static void main(String[] args) throws Exception
    {
        //获取本类的类对象
        Class c=Class.forName("FieldTest");
```

```java
        //获取所有声明的字段，getFields()包括继承来的字段
        Field []fs=c.getDeclaredFields();
        //遍历
        for(int i=0;i<fs.length;i++){
            Field f=fs[i];
            //字段名
            System.out.println("字段名"+(i+1)+"="+f.getName());
            //字段声明所在的类
            System.out.println("该字段所在的类为："+f.getDeclaringClass());
            //字段的类型
            System.out.println("字段"+(i+1)+"的类型："+f.getType());
            //查看修饰符
            int mod=f.getModifiers();
            //为0 就是默认的包类型
            if(mod==0){
                System.out.println("该字段的修饰符为：默认包修饰符");
            }else{
                //否则就是相应的类型
                System.out.println("该字段的修饰符为："+Modifier.toString(mod));
            }
            System.out.println("---结束第"+(i+1)+"循环---");
        }
    }
}
```

14.4 根据方法的名称来执行方法

java.lang.Method表示方法，调用invoke可以执行指定对象的某个方法，比如执行一个指定名称的方法。下面的示例演示了这一操作。

【文件 14.4】 PerformMethod.java

```java
import java.lang.reflect.*;
/**
*通过反射执行类的方法
*/
class PerformMethod
{
    //声明一个简单的方法，用于测试
    public int add(int a,int b){
        return a+b;
    }
    public static void main(String[] args)throws Exception
    {
        //获取本类的类对象
        Class c=Class.forName("PerformMethod");
        /**
        *声明add方法参数类型的集合
        *共有两个参数，都为Integer.TYPE
        */
        Class []paramTypes=new Class[2];
```

```java
        paramTypes[0]=Integer.TYPE;
        paramTypes[1]=Integer.TYPE;
        //根据方法名和参数类型集合得到方法
        Method method=c.getMethod("add",paramTypes);
        //声明类的实例
        PerformMethod pm=new PerformMethod();
        //传入参数的集合
        Object []argList=new Object[2];
        //传入 37 和 43
        argList[0]=new Integer(37);
        argList[1]=new Integer(43);
        //执行后的返回值
        Object returnObj=method.invoke(pm,argList);
        //转换类型
        Integer returnVal=(Integer)returnObj;
        //打印结果
        System.out.println("方法执行结果为:"+returnVal.intValue());
    }
}
```

14.5 改变字段的值

java.lang.reflect.Field表示字段,它的set方法用于修改指定对象字段的值。下面的例子可以说明这一点。

【文件 14.5】 ModifyField.java

```java
import java.lang.reflect.*;
/**
*通过反射改变字段的值
*/
class ModifyField
{
    //声明一个字段
    public double d;
    public static void main(String[] args) throws Exception
    {
        //得到类的类对象
        Class c=Class.forName("ModifyField");
        //根据字段名得到字段对象
        Field f=c.getField("d");
        //创建类的实例
        ModifyField mf=new ModifyField();
        //打印修改前字段的值
        System.out.println("修改 "+f.getName()+" 前的值为:"+mf.d);
        //修改 d 的值为 12.34
        f.setDouble(mf,12.34);
        //打印修改后的值
        System.out.println("修改 "+f.getName()+" 后的值为:"+mf.d);
    }
}
```

一般情况下，我们并不能对类的私有字段进行操作，利用反射也不例外，但有的时候（例如要序列化的时候）我们又必须有能力去处理这些字段，这时就需要调用 AccessibleObject 上的 setAccessible()方法来允许这种访问。由于反射类中的 Field、Method 和 Constructor 继承自 AccessibleObject，因此通过在这些类上调用 setAccessible()方法可以实现对这些字段的操作。

14.6 类加载与反射创建对象

14.6.1 类加载机制

Java虚拟机把描述类的数据从Class文件加载到内存，并对数据进行校验、转换解析和初始化，最终形成可以被虚拟机直接使用的Java类型，这就是虚拟机的加载机制。

Class文件由类加载器加载后，在JVM中将形成一份描述Class结构的元信息对象，通过该元信息对象可以获知Class的结构信息，如构造函数、属性和方法等，Java允许用户借由这个Class相关的元信息对象间接调用Class对象的功能，这就是我们经常能见到的Class类。

类从被加载到虚拟机内存中开始，到卸载出内存为止，它的整个生命周期包括：加载（Loading）、验证（Verification）、准备（Preparation）、解析（Resolution）、初始化（Initialization）、使用（using）和卸载（Unloading）7个阶段。其中验证、准备和解析3个部分统称为链接（Linking）。

类的装载指的是将类的.class文件中的二进制数据读入内存中，将其放在运行时数据区的方法区内，然后在堆区创建一个java.lang.Class对象，用来封装类在方法区内的数据结构。类的加载的最终产品是位于堆区中的Class对象，该对象封装了类在方法区内的数据结构，并且向Java程序员提供了访问方法区内的数据结构的接口。

类加载器并不需要等到某个类被"首次主动使用"时再加载它，JVM规范允许类加载器在预料某个类将要被使用时就预先加载它，如果在预先加载的过程中遇到了.class文件缺失或存在错误，类加载器必须在程序首次主动使用该类时报告错误（LinkageError错误），如果这个类一直没有被程序主动使用，那么类加载器就不会报告错误。

加载.class文件的方式如下：

（1）从本地系统中直接加载。
（2）通过网络下载.class文件。
（3）从ZIP、JAR等归档文件中加载.class文件。
（4）从专有数据库中提取.class文件。
（5）将Java源文件动态编译为.class文件。

在了解了什么是类的加载后，回头再来看JVM在类加载阶段都做了什么。虚拟机需要完成以下3件事情：

（1）通过一个类的全限定名称来获取定义此类的二进制字节流。
（2）将这个字节流所代表的静态存储结构转化为方法区的运行时数据结构。

（3）在Java堆中生成一个代表这个类的java.lang.Class对象，作为方法区这些数据的访问入口。

相对于类加载过程的其他阶段，加载阶段在开发期相对来说可控性比较强，该阶段既可以使用系统提供的类加载器完成，也可以由用户自定义的类加载器来完成，开发人员可以通过定义自己的类加载器去控制字节流的获取方式。关于这个过程的更多细节，我们会在下一节详细介绍。加载阶段完成后，虚拟机外部的二进制字节流就按照虚拟机所需的格式存储在方法区中，而且在Java堆中也创建一个java.lang.Class类的对象，这样便可以通过该对象访问方法区中的这些数据。

14.6.2 通过反射创建对象及获取对象信息

1. Class类

（1）对象照镜子后可以得到的信息：某个类的数据成员名、方法和构造器、某个类到底实现了哪些接口。对于每个类而言，JRE都为其保留一个不变的Class类型的对象。一个Class对象包含特定的某个类的有关信息。

（2）Class对象只能由系统建立对象。

（3）一个类在JVM中只会有一个Class实例。

（4）每个类的实例都会记得自己是由哪个Class实例产生的。

（5）Class本质上就是一个类，是一个用来描述指定类本身内部信息的一个类。

得到Class对象有以下3种方式：

（1）直接通过类名.class获取：

```
Class cls=Person.class;
```

（2）getClass()方式：

```
Object obj=new Person();
Class cls2=obj.getClass();
```

（3）Class.forName("包名.类名")方式（该方式最常用，且框架使用的最多）：

```
try {
    Class cls3 = Class.forName ("cn.sgg.reflections.Person");
} catch (ClassNotFoundException e) {
    e.printStackTrace();
}
```

2. Class类中的方法

（1）创建类的实例的方法：newInstance()。

```
Class cls3=Class.forName("cn.sgg.reflections.Person");
Object obj=cls3.newInstance();//得到实例（通过无参构造器）
Object obj=cls3.newInstance(new Class[]{String.class,int.class});//得到实例（通过有参构造器）
```

说明：一般来说，一个类如果声明了无参构造器，那么也要声明一个有参构造器。

（2）Field<------>classType.getDeclaredFields();。
（3）Method<----->getDeclaredMethod(getMethodName, new Class[]{});。
（4）Constructor<------>getConstructor(new Class[] { int.class, String.class });。

下面的案例利用反射机制创建对象、获取方法信息等。首先定义一个Person类，代码如下。

【文件 14.6】　Person.java

```java
public class Person {
    private String name;
    private String sex;
    private int age;
    public String address;
    public Person() {
        super();
    }
    private Person(String name, String sex){
        this.name = name;
        this.sex = sex;
    }

    public Person(String name, String sex, int age) {
        super();
        this.name = name;
        this.sex = sex;
        this.age = age;
    }
    public Person(String name, String sex, int age, String address) {
        super();
        this.name = name;
        this.sex = sex;
        this.age = age;
        this.address = address;
    }
    public String getName() {
        return name;
    }
    public void setName(String name) {
        this.name = name;
    }
    public String getSex() {
        return sex;
    }
    public void setSex(String sex) {
        this.sex = sex;
    }
    public int getAge() {
        return age;
    }
    public void setAge(int age) {
        this.age = age;
    }
```

```java
    public void show(){
        System.out.println("show......");
    }
    private void speak(){
        System.out.println("speak......");
    }
    public String getAddress() {
        return address;
    }
    public void setAddress(String address) {
        this.address = address;
    }
}
```

获取构造器并创建对象，代码如下。

【文件14.7】 ReflectConstructorDemo .java

```java
import java.lang.reflect.Constructor;
/*
 * 反射：就是通过class文件对象去使用该文件中的成员变量、构造方法、成员方法
 * 想要这样使用，首先必须得到class对象，也就是得到Class类的对象
 * Class 类:
 *         成员变量：Filed
 *         构造方法：Constructor
 *         成员方法：Method
 * 获取class文件对象的方式
 * A:Object类的getClass方法
 * B:数据类型的静态属性class
 * C:Class类的静态方法forName(String str)
 */
public class ReflectConstructorDemo {
    public static void main(String[] args) throws Exception {
        //获取字节码文件对象
        Class c = Class.forName("com.ch27.Person");
        //获取构造方法
        //getConstructors():得到所有的公共构造方法
        //getDeclearedConstructors()：得到所有的构造方法
        Constructor[] cons = c.getConstructors();
        for(Constructor con : cons){
            System.out.println(con);
        }
        
        Constructor[] cons1 = c.getDeclaredConstructors();
        for(Constructor con : cons1){
            System.out.println(con);
        }
        
        //getConstructor(Class<?>...paramerTypes):获取单个构造方法
        Constructor c1 = c.getConstructor(String.class,String.class, int.class);
        Object obj = c1.newInstance("张三丰","男",102);
        System.out.println(obj);
        Person p = (Person)obj;
        p.show();
        System.out.println(p.getName()+"-"+p.getSex()+"-"+p.getAge());
```

```
        //通过私有构造方法创建对象
        Constructor c2 = c.getDeclaredConstructor(String.class, String.class );
        c2.setAccessible(true);
        Person p2 = (Person)c2.newInstance("张无忌","男");
        System.out.println(p2.getName());
    }
}
```

14.7 实训15：添加好友和好友列表

1. 需求说明

客户端通过向服务器发送好友账号实现添加好友功能，能够更新和展示好友列表。

2. 训练要点

- 集合的应用。
- 反射的应用。
- 使用Properties类对象进行资源文件的读写操作。
- 客户端和服务器端通信。

3. 实现思路及关键代码

（1）使用客户端聊天主窗体（FriendWindow.java）上的添加好友按钮调用添加好友事件处理类（FriendButtonMonitor.java）添加好友，调用客户端功能类（ClientUtil.java）的refreshFriend()方法刷新聊天主窗体上的好友列表。

添加好友事件处理类（FriendButtonMonitor.java），代码参考如下：

```java
public class FriendButtonMonitor implements ActionListener {
    @Override
    public void actionPerformed(ActionEvent event) {
        String friendID = JOptionPane.showInputDialog("请输入你想要添加的好友账号");
        if(friendID != null && friendID.equals(ClientRunStatus.getInstance().getLoginUser().getId()+"")){
            JOptionPane.showMessageDialog(null,"你不能添加你自己");
            return;
        } else if(friendID != null && !friendID.equals("")){
            Request request = new Request();
            request.setRequestServiceName("AddFriend");
            User user = new User();
            user.setId(Integer.parseInt(friendID));
            request.setUser(ClientRunStatus.getInstance().getLoginUser());
            request.setToUser(user);
            ClientUtil.sendRequest(request);
        }
    }
}
```

(2) 添加好友事件处理类（FriendButtonMonitor.java）获得添加好友的账号，调用客户端功能类（ClientUtil.java）的sendRequest()向服务器发送添加好友的请求。

客户端功能类（ClientUtil.java）的 sendRequest()，参考代码如下：

```java
public static void sendRequest(Request request){
    OutputStream out = null;
    ObjectOutputStream objectOut = null;
    try {
        out = ClientRunStatus.getInstance().getSocket().getOutputStream();
        objectOut = new ObjectOutputStream(out);
        objectOut.writeObject(request);
    } catch (IOException e) {
        //TODO Auto-generated catch block
        e.printStackTrace();
    }
}
```

(3) 服务器服务线程（ServetThread.java）根据请求的添加好友信息，调用服务器运行状态类（ServerRunStatus.java），读取service.properties（服务器服务名与服务类映射资源文件），获得添加好友类的名称，利用反射调用添加好友服务类（AddFriendService.java）进行添加好友处理。

(4) 添加好友服务类（AddFriendService.java），调用资源文件操作类（PropertiesOperator.java）的 findUser() 查找添加的好友，如果查找到要添加的好友，则调用资源文件操作类（PropertiesOperator.java）的isFriend()方法检查是否已经是朋友了，如果还不是朋友，则调用资源文件操作类（PropertiesOperator.java）的 addFriend()将添加的好友写到用户的好友列表资源文件中。最后向客户端发送响应。

添加好友服务类（AddFriendService.java），参考代码如下：

```java
public class AddFriendService implements ServerService {
    @Override
    public void service(Request request, Socket socket, JTextArea infoText,ServerThread serverThread) {
        boolean isExists = PropertiesOperator.findUser(request.getToUser().getId());
        Response response = new Response();
        response.setResponseServiceName(request.getRequestServiceName());
        if(isExists){
            if (PropertiesOperator.isFriend(request.getUser().getId(), request.getToUser().getId())) {
                response.setResponseCode(Response.ADDFRIEND_FAIL_ISFRIEND);
            } else {
                PropertiesOperator.addFriend(request.getUser().getId(), request.getToUser().getId());
                response.setResponseCode(Response.ADDFRIEND_SUCCESS);
            }
        }else{
            response.setResponseCode(Response.ADDFRIEND_FAIL);
        }
        response.send(socket);
    }
}
```

资源文件操作类（PropertiesOperator.java）的findUser()方法的参考代码如下：

```java
public static boolean findUser(int id) {
    File file;
    boolean flag;
    URL url = PropertiesOperator.class.getResource(id + ".properties");
    try {
        file = new File(url.toURI());
        flag = file.exists();
    } catch (URISyntaxException e) {
        //TODO Auto-generated catch block
        e.printStackTrace();
        flag = false;
    } catch (NullPointerException e) {
        flag = false;
    }
    return flag;
}
```

资源文件操作类（PropertiesOperator.java）的addFriend()方法的参考代码如下：

```java
public static void addFriend(int userid, int targetUserid) {
    User user = loadUser(userid);
    User targetUser = loadUser(targetUserid);
    String userPath = System.getProperty("user.dir")
            + "/src/com/oraclewdp/user/" + userid + ".properties";
    String targetUserPath = System.getProperty("user.dir")
            + "/src/com/oraclewdp/user/" + targetUserid + ".properties";
    Properties userProperties = new Properties();
    Properties targetUserProperties = new Properties();
    //InputStream userIn = null;
    //InputStream targetUserIn = null;
    OutputStream userOut = null;
    OutputStream targetUserOut = null;
    try {
        //userIn = new FileInputStream(userPath);
        //targetUserIn = new FileInputStream(targetUserPath);
        userProperties.load(new FileInputStream(userPath));
        targetUserProperties.load(new FileInputStream(targetUserPath));

        userProperties.setProperty(targetUser.getId() + "", targetUser.getName());
        userOut = new FileOutputStream(userPath);
        userProperties.store(userOut, null);
        userOut.flush();
        userOut.close();

        targetUserProperties.setProperty(user.getId() + "", user.getName());
        targetUserOut = new FileOutputStream(targetUserPath);
        targetUserProperties.store(targetUserOut, null);
        targetUserOut.flush();
        targetUserOut.close();
    } catch (FileNotFoundException e) {
        //TODO Auto-generated catch block
        e.printStackTrace();
    } catch (IOException e) {
```

```
                //TODO Auto-generated catch block
                e.printStackTrace();
            } finally {
                try {
                    if (userOut != null) {
                        userOut.flush();
                        userOut.close();
                    }
                    if (targetUserOut != null) {
                        targetUserOut.flush();
                        targetUserOut.close();
                    }
                } catch (IOException e) {
                    e.printStackTrace();
                }
            }
        }
```

资源文件操作类（PropertiesOperator.java）的isFriend()方法的参考代码如下：

```
public static boolean isFriend(int userid, int targetUserid){
    boolean isFriend = false;
    String userPath = System.getProperty("user.dir")
            + "/src/com/oraclewdp/user/" + userid + ".properties";
    Properties userProperties = new Properties();
    InputStream userIn = null;
    try {
        userIn = new FileInputStream(userPath);
        userProperties.load(userIn);
        if(userProperties.getProperty(targetUserid+"") != null){
            isFriend = true;
        }
    } catch (FileNotFoundException e) {
        //TODO Auto-generated catch block
        e.printStackTrace();
    } catch (IOException e) {
        //TODO Auto-generated catch block
        e.printStackTrace();
    }
    return isFriend;
}
```

（5）服务器服务线程（ServetThread.java）根据请求的好友列表，调用服务器运行状态类（ServerRunStatus.java），读取service.properties:服务器服务名与服务类映射资源文件，获得好友列表类的名称，利用反射调用好友列表服务类（FriendListService.java）进行好友列表处理。

（6）客户端线程接收到服务器端的响应后，调用添加好友处理实现类（AddFriendProcessing.java）和好友列表处理实现类（FriendListProcessing.java）。

（7）添加处理实现类（AddFriendProcessing.java），如果添加成功，则调用客户端功能类（ClientUtil.java）的refreshFriend()方法刷新聊天主窗体上的好友列表。添加处理实现类（AddFriendProcessing.java）的参考代码如下：

```
public class AddFriendProcessing implements ClientProcessing {
    @Override
```

```java
    public void processing(Response response, Socket socket, JFrame frame) {
        //TODO Auto-generated method stub
        if(response.getResponseCode() == Response.ADDFRIEND_SUCCESS){
            JOptionPane.showMessageDialog(null, "添加好友成功");
            ClientUtil.refreshFriend();
        }else if(response.getResponseCode() == Response.ADDFRIEND_FAIL){
            JOptionPane.showMessageDialog(null, "该账号不存在,无法添加");
        }else if(response.getResponseCode() ==
Response.ADDFRIEND_FAIL_ISFRIEND){
            JOptionPane.showMessageDialog(null, "你们已经是朋友了");
        }
    }
}
```

（8）客户端功能类（ClientUtil.java）的refreshFriend()方法的参考代码如下：

```java
public static void refreshFriend(){
    Request request = new Request();
    request.setUser(ClientRunStatus.getInstance().getLoginUser());
    request.setRequestServiceName("FriendList");
    sendRequest(request);
}
```

（9）好友列表处理实现类（FriendListProcessing.java）负责将用户的好友显示在聊天主窗体中，代码如下：

```java
public class FriendListProcessing implements ClientProcessing {
    @Override
    public void processing(Response response, Socket socket, JFrame frame) {
        int size = 0;
        if(response.getFriendList()!=null){
            Collections.sort(response.getFriendList());
            Collections.reverse(response.getFriendList());
            size = response.getFriendList().size();
        }
        User[] users = new User[size];
        
        for(int i=0;i<users.length;i++){
            users[i]=response.getFriendList().get(i);
        }
        FriendWindow.friendList.setListData(users);
        FriendWindow.friendList.repaint();
    }
}
```

14.8　实训16：好友聊天功能

1. 需求说明

通过服务器端中转，实现好友之间的聊天功能。

2. 训练要点

- 反射的应用。
- 使用Properties类对象资源文件的读写操作。
- 客户端和服务器端通信。
- IO流文件读写。
- 集合的应用。

3. 实现思路及关键代码

（1）使用好友聊天窗体（MessageWindow.java）上的发送按钮，调用好友聊天事件处理类（MessageButtonMonitor.java）。

（2）使用好友聊天事件处理类（MessageButtonMonitor.java）将文本框中的内容添加到好友聊天信息文本框中，之后将好友聊天的请求通过调用客户端功能类（ClientUtil.java）的sendRequest()方法发送到服务器。

好友聊天事件处理类（MessageButtonMonitor.java）的参考代码如下：

```java
public class MessageButtonMonitor implements ActionListener {
    MessageWindow window;
    User toUser;
    public MessageButtonMonitor(MessageWindow window,User toUser){
        this.window = window;
        this.toUser = toUser;
    }
    @Override
    public void actionPerformed(ActionEvent e) {
        //TODO Auto-generated method stub
        if(e.getActionCommand().equals("1")){
            this.window.getMessageText().append("我说:\n");
            this.window.getMessageText().append("    "+this.window.getInputText().getText()+"\n");
            Request request = new Request();
            request.setUser(ClientRunStatus.getInstance().getLoginUser());
            request.setToUser(this.toUser);
            request.setMessage(this.window.getInputText().getText());
            this.window.getInputText().setText("");
            request.setRequestServiceName("Message");
            ClientUtil.sendRequest(request);
        }else if(e.getActionCommand().equals("2")){
            this.window.setVisible(false);
        }
    }
}
```

使用客户端功能类（ClientUtil.java）的sendRequest()方法，从当前运行的客户端运行状态类（ClientRunStatus.java）的实例中获取Scoket对象，向服务器发送请求对象。

（3）服务器服务线程（ServetThread.java）根据请求的好友聊天信息调用服务器运行状态类（ServerRunStatus.java），读取service.properties（服务器服务名与服务类映射资源文件），获得好友聊天类的名称，利用反射调用好友聊天服务类（MessageService.java）进行好友聊天处理。

（4）使用好友聊天服务类（MessageService.java）从请求获取好友对象，通过服务器运行状态类(ServerRunStatus.java)获得好友对象的Socket对象,将好友聊天信息通过好友对象的Scoket对象发送给好友的客户端。

好友聊天服务类(MessageService.java)的参考代码如下:

```java
public class MessageService implements ServerService {
    @Override
    public void service(Request request, Socket socket, JTextArea infoText,
ServerThread serverThread) {
        User user = request.getToUser();
        Socket toSocket = ServerRunStatus.CLIENTS.get(user.getIp()+":"+
user.getPort());
        try {
            OutputStream out = toSocket.getOutputStream();
            ObjectOutputStream oos = new ObjectOutputStream(out);
            Response response = new Response();
            response.setResponseServiceName(request.getRequestServiceName());
            response.setMessage(request.getMessage());
            response.setFromUser(request.getUser());
            response.setToUser(request.getToUser());
            response.send(oos);
        } catch (IOException e) {
            //TODO Auto-generated catch block
            e.printStackTrace();
        }
    }
}
```

(5)好友的客户端线程接收到服务器端的响应后,调用好友聊天处理实现类(MessageProcessing.java)。

(6)使用好友聊天处理实现类(MessageProcessing.java)获得聊天好友对象,通过客户端功能类(ClientUtil.java)获得与好友的聊天窗体,将聊天信息显示在聊天窗体中。好友聊天处理实现类(MessageProcessing.java)的参考代码如下:

```java
public class MessageProcessing implements ClientProcessing {
    @Override
    public void processing(Response response, Socket socket, JFrame frame) {
        //TODO Auto-generated method stub
        User fromUser = response.getFromUser();
        String ipport = fromUser.getIp()+":"+fromUser.getPort();
        MessageWindow messageWindow =
ClientRunStatus.MESSAGEWINDOWS.get(ipport);
        if(messageWindow==null){
            messageWindow = new MessageWindow(fromUser);
        } else {
            messageWindow.setVisible(true);
        }
        messageWindow.getMessageText().append(fromUser.getName()+"说:\n");
        messageWindow.getMessageText().append("    "+response.getMessage()+"\n");
    }
}
```

其中请求类 Request.java、响应类 Response.java、用户类 User.java 及服务器配置信息类 SystemConfig.java 参见配套源代码资源包中的相关项目源码。

14.9 本章总结

通过本章的学习，可以使用反射进行基本操作，获取类的方法、字段、构造函数等，并可以利用获取的这些对象来读写属性的值、调用方法、创建对象等。反射是一种具有与Java类进行动态交互能力的机制，在Java和Android开发中，很多情况下会用到反射机制。例如，需要访问隐藏属性或者调用方法改变程序原来的逻辑，这个在开发中很常见，由于一些原因，系统并没有开放一些接口出来，这时利用反射是一个有效的解决方法。另外，Java EE框架中会涉及很多注解，包括自定义注解，其包含的信息都是在运行时利用反射机制来获取的。

14.10 课后练习

1. 以下哪些可以获取Some.class的字节码？（　　）

    A. Class cls = Class.forName("Some");
    B. Class cls = Some.class;
    C. Some some = new Some();
       Class cls = some.getClass();
    D. Class cls = new Some().class;

2. （　　）是正确调用methodA的反射。

```
public class One{
    Private void methodA(){ }
}
```

其中，获取method的代码如下：
```
Method method = One.class.getDeclaredMethod("methodA");
```

   A. method.invoke(new One());
   B. method.invoke(One.class);
   C. method.setAccessable(true); method.invoke(new One());
   D. method.setAccessable(true); method.invoke();

3. 说明反射的优点和缺点。